Enjoy 즐기며 누리는 것
그 안에 담긴 삶의 태도를 긍정하는 것

더 건강한 한 끼

스무디 볼

제1판 1쇄 인쇄 | 2018년 7월 4일
제1판 1쇄 발행 | 2018년 7월 11일

지 은 이 | 린후이링 林蕙苓 · 양메이샹 楊梅香 · 차이위퉁 蔡雨桐
옮 긴 이 | 박주은
펴 낸 이 | 박성우
펴 낸 곳 | 청출판
주   소 | 경기도 파주시 안개초길 18-12
전   화 | 070)7783-5685
팩   스 | 031)945-7163
전자우편 | sixninenine@daum.net
등   록 | 제406-2012-000043호

ISBN | 978-89-92119-69-6 13590

더 건강한 한 끼

스무디 볼

린후이링林蕙苓 · 양메이샹楊梅香 · 차이위퉁蔡雨桐 지음 / 박주은 옮김

첫 출판

달콤한 순간이 있어 행복한 매일

《달콤한 일상의 순간, 스무디 볼》. 책을 넘기면서 보게 된 스무디 볼은 하나하나가 예술작품 같았다. "뭐야, 이거. 너무 예쁘잖아!" 사실 스무디 볼은 영양이 풍부하며 포만감을 주는 아침 식사다. 매일 아침을 이런 스무디 볼로 시작할 수 있다면 하루하루가 얼마나 행복할까! 스무디 볼은 단순히 형형색색의 채소와 과일을 갈아놓은 것만이 아니라, 다채로운 시각적 미각적 후각적 체험을 선사하는 작품이기도 하다. 한번 먹으면 몸 속 깊이 파고드는 이 음식은 소박하면서도 화려하고 일상적이면서도 특별한 삶의 풍경이 된다. 소박한 것이 생활의 스타일이라면, 화려한 것은 그릇에 펼쳐진 과일들의 알록달록한 색과 모양. 때로는 나른하고 때로는 빠듯한 일상의 시공간에 세 저자는 눈부신 축제의 장을 벌여놓는다.

규칙적으로 돌아가는 딱딱한 일상 속의 스무디 볼은 문득 떠난 휴가지에서 하늘 가득 터지는 폭죽을 보는 것만큼 짜릿하다. 나처럼 책을 통해 글과 사진을 보는 게 전부라 하더라도 그 순간만큼은 번잡한 일상을 깨끗이 잊고 세 저자가 꾸려놓은 여유로운 일상 풍경에 풍덩 빠져들게 된다. 정갈한 문장과 함께 한적하고 평온하며 아름다운 장면들을 하나하나 따라가다 보면, 어느새 내 기억 속 먼 고향에까지 다다르게 된다.

이 책 속의 스무디 볼은 미각, 후각, 시각 등의 오감을 만족시키는 것 외에도 글쓰기와 창작의 본질에 대해 다시금 생각해보게 한다. 책 속의 볼에 담긴 것은 글이 아닌 과일인데도 말이다. 각기 다른 종류의 과일을 여러 가지 방법으로 썰고, 색을 배합하고, 베이스를 만들고, 플레이팅하기까지의 과정이 보여주는 아름다움은 잠깐동안이나마 숨이 멎을 만큼 매혹적이다. 가로로 3등분한 귤은 여인이 아끼는 목걸이처럼 영롱한 한 송이의 보석꽃 같다. 새빨간 구아바의 속살은 후이링과 메이샹의 솜씨 좋은 손을 거쳐 설중 동백으로 재탄생한다. "작은 그릇에 꾸며놓은 화원"이라는 표현 그대로, 우리의 눈과 미뢰를 사로잡는 형형색색의 스무디 볼은 자연의 흙으로부터 사계절을 퍼 담아 그대로 그릇에 옮겨놓은 듯하다. 아마도 이것은 세 저자가 자연의 산물(과일들)을 대하는 애정 어린 방식이자, 그들의 마음속에 그리고 각각의 그릇에도 담아 간직하고 있는 생생한 원시 자연의 풍경일 것이다.

일본의 선승인 후지이 소우테츠(藤井宗哲)는 '식재료와의 역지사지'를 제안한 바 있다. 좋은 요리사라면 그 식재료가 결과적으로 어떤 음식이 되어 어떤 그릇에 어떻게 담기고 싶을지, 어떻게 해야 최상의 맛과 미감(美感)을 구현할 수 있을지, 그 식재료의 입장에서 생각할 수 있어야 한다는 뜻이다. 즉 요리를 할 때는 사과의 입장에서 사과 요리를 해야지 요리사 자신의 호오 감정이나 편견에 따라서는 안 된다는 것. 나는 이 책을 보는 내내 후지이 선사의 말이 머릿속에 맴돌았다. 이 책의 저자들 역시 바나나, 블루베리, 딸기, 용과의 마음이 되어 그들에게 가장 적합한 배합 방식으로, 가장 후회 없을 스무디를 만들지 않았을까. 때로는 가장 곱게 예쁜 색감을 두드러지게 하고, 때로는 편이나 공 모양으로 썰어 신선한 육질을 드러내고 겹겹이 그 자태를 과시하는…. 이런 스무디 볼을 채우고 있는 '교향악단'의 단원들은 자못 수줍은 표정으로 이렇게 속삭일 것만 같다.

"아아, 난 용과/블루베리/키위라서 정말 행복해!"

책 속의 밝은 노란색, 은은한 분홍색, 자색, 녹색, 짙은 청색의 스무디 볼은 끊임없이 나를 향해 손짓을 한다. "어서 날 먹어봐"라고만 말하지 않고, "얼른 봐, 날 좀 봐달라구!"라고도 외치고 있다. 스무디 볼이 가져다주는 달콤한 순간은 오감을 만족시키는 행복감으로 매일매일을 채워준다. 그들 스스로 과일의 입장이 되어 자신을 연마한 끝에 풍성하고도 아름다운 대자연을 눈앞에 선물해준 후이링, 메이샹, 위통에게 감사의 말을 전하는 바이다.

작가 리신룬(李欣论)

번잡한 일상 속의 아이스 샤워

아침은 하루 중 가장 달콤한 시간이 될 수도 있다. 정신없이 돌아가는 일상의 리듬에 들어서기 전, 잠시 주방에 머무는 시간… 재료들을 씻어서 썰고 빠르게 갈아내는 동안 내 마음도 환하게 동이 터오는 것을 느낀다. 꽃과 잎, 채소, 견과류들을 마음 가는 대로 뿌리다 보면, 나의 내면도 어느새 밝고 단단한 에너지로 채워진다. 사랑하는 사람과 마주 앉은 아침은 하루 중 유일하게 아무것도 하지 않아도 좋은 순간. 말없이 가만히 있어도, 더없이 소소한 이야기를 나누어도 아무런 부족함 없는 시간. 이런 시간이야말로 누구나 동경해마지 않을 소중한 아침일 것이다.

이 책에 담긴 '스무디의 시간'은 이른 아침의 짧은 식사 시간만을 의미하지 않는다. 하루의 시작을 우아하게 음미하는 행복의 시간이기도 하다. 꼭 스무디가 아니어도 좋다. 차 한 잔을 마시거나 짤막한 글을 읽어도 좋고, 창밖의 나뭇가지를 바라보며 봄볕을 만끽해도 좋다. 앞으로는 다시 없을 '지금 이 순간'의 체험이기만 하다면!

메이샹과 후이링은 섬세한 솜씨로 사계절의 다채로운 과일을 불러 모아 대자연의 화원을 아침 식탁에 그대로 옮겨놓는다. 아담한 그릇을 채우고 있는 시원한 스무디는 번잡한 일상의 시간을 완전히 새로운, 오감 만족의 체험장으로 바꾸어 놓는다. 그런 의미에서 나는 이 책을 한 권의 레시피북이라기보다 아름다운 영감의 눈을 지닌 저자들이 쓴, 글과 사진, 과일을 통해 감각을 새롭게 여는 생활 미학이라고 부르고 싶다. 이로써 아름다움은 생활의 바깥에 존재하는 감상물이 아니라, 일상에서 먹고 음미하며 즐길 수 있는 하나의 향연이 되는 것이다.

징이대학 대만문학과 교수 · 까이시아 도서관 관장 천밍러우(陈明柔)

달콤한 순간을 함께 하는 아침

아침으로는 뭘 먹으면 좋을까?

휴일의 아침이라면 따로 고민할 필요가 없다. 느긋하게 재료를 준비한 뒤 요리하는 과정을 즐기면 되니까. 천천히 음식을 먹고, 책을 보거나 음악을 듣거나 커피 혹은 차 한 잔을 기울이면 그만이다. 그러나 출근을 해야 하는 아침이라면 여간 고민이 되는 문제가 아니다. 제대로 한 상을 차리자니 시간이 너무 촉박하다. 차리는 것도 일이지만 치우는 것도 일이다. 특별한 음식을 해먹자니 시간이 부족하고, 간단하게 먹자니 단조롭고 헛헛하기만 하다. 이상과 현실의 이런 괴리는 도무지 끝나지 않는 연속극처럼 매일같이 이어진다.

아아, 매일을 휴일 아침처럼 먹을 수 있다면 얼마나 좋을까!

남편이 밤늦게까지 일을 하다 보니, 우리가 함께 있을 수 있는 때는 아침식사 시간뿐인 날이 많다. 식탁에 마주앉아 함께 보낼 수 있는 시간은 길지 않지만, 아침만은 잘 차려먹고 싶었다. 그런데 하필 나는 입맛이 너무 자주 변하는 사람이었다. 어떤 날은 밥이었다가 어떤 날은 면이었고, 샐러드 위주였다가 과일식으로, 다시 찜·구이·조림 등으로 정신없이 식단이 바뀌어왔다. 나는 어느 정도 요리를 즐기는 편이지만, 매일 아침 요리를 하기에는 한계가 있을 수밖에 없다. 푹푹 찌는 계절에는 가스 불조차 켜기가 싫고, 꽁꽁 얼어 있는 계절에는 설거지물도 틀고 싶지 않다. 복잡한 과정이라면 질색부터 하는 태생적 기질도 무시할 수 없다. 한 마디로, 이 모든 것은 '마음의 온도' 문제이기도 하다.

그러면서도 아침만은 조금 더 특별하게 먹고 싶었다. 복잡하지 않으면서도 특별하게 먹을 수 있는 아침. 대체 뭐가 있을까… 하고 찾던 중.

"앗! 뭐야, 이게?"

이것은 내가 스무디를 처음 보았을 때의 반응이자, 내가 만든 스무디 볼을 친구들이 처음 보았을 때의 반응이다. 이토록 알록달록 오색찬란한 음식이, 당신에게는 정확히 무엇으로 보이는가? 볼에 채워진 요거트? 크림 가득한 무스 케이크? 과일 퓌레? 아니면, 모듬 계절 과일?

여러 가지 상상을 불러일으키는 스무디 볼(Smoothie bowl)은 사실 통상적인 아침 식사이다. 충분한 영양과 열량을 갖추고 있어 포만감은 물론 심리적 만족감까지 주는 식단이기도 하다. 이런 스무디 볼이 마음에 든다면, 오후에 간식이나 디저트로 즐겨도 무방하다. 그러나 스무디 볼에 푹 빠져서 너무 많이 먹어버리면 곤란하다. 주체할 수 없이 배가 불러올 테니까.

스무디 볼에는 과일과 채소뿐 아니라 식물성 오일과 견과, 씨앗, 해조류도 들어간다. 그래서 '고단백 식품'이 될 때도 많다.

단백질과 섬유질은 물론 각종 비타민이 풍부한 이 스무디 볼은 디저트나 셰이크로도 먹을 수 있고, 채소·과일식 식사로도 손색이 없으며, 일종의 샐러드로 받아들여도 무방하다.

스무디 볼은 대체로 단 맛이 주를 이루지만, 그것은 대부분 채소와 과일에서 나오는 천연의 단 맛이다. 가미에 따라서는 은은한 짠 맛을 낼 수도 있다. 귀엽고 달콤하게만 보이던 스무디 볼에는 이렇게나 다차원적인 맛의 매력이 공존한다. 순진무구한 얼굴을 하고 있던 미소녀의 머릿속에, 알고 보니 세계 대백과사전이 들어 있는 것과 비슷하달까.

스무디 볼의 내력에 대해 이야기하자면 많은 영양학자들의 이론과 발견, 나아가 음식을 한눈에 입맛 당기도록 만드는 데 일조해온 각종 믹서와 착즙기의 역사까지 언급해야 한다. 그러나 내가 스무디 볼을 즐기는 가장 큰 이유는 조리법의 심플함 때문이다. 스무디 볼을 만들다 보면, 무엇보다 나 자신이 가장 먼저 즐거워진다. 이 즐거움에는 심미적 만족감까지 포함되어 있다. 고단한 일상을 버텨내며 너덜너덜해진 마음은 조리대와 식탁 앞에 머무는 동안 서서히 평온함을 되찾는다.

스무디를 만드는 순간은 개운한 청량감에 달콤한 기분까지 선물한다. 보기에도 아름다운 이 아침 식단은 부드러운 식감 탓에 나도 모르는 새 그릇이 싹 비워진다. 눈 깜짝할 사이에 지나가버리는 모든 달콤한 순간이 그러하듯.

스무디 볼을 만드는 데는 찌거나 굽는 등의 복잡한 조리 과정이 필요하지 않다. 난이도 높은 테크닉도 요구되지 않는다. 집에 있는 믹서 하나와 스무디를 담을 볼 하나면 충분하다. 그 다음부터는 맛을 창조하는 과정의 즐거움과 멋진 색을 음미하며 플레이팅하는 자유를 만끽하면 된다. 미처 상상해본 적 없던 색깔이나 자신만의 독특한 스타일을 구현함으로써 막연히 꿈꿔오기만 했던 자신만의 아름다운 요리를 만들 수도 있다.

자, 재료들을 깨끗이 씻어 믹서에 넣고 간 뒤 볼에 담으면 끝이다. 모종의 영감이 번뜩인다면 섬세한 플레이팅을 할 수도 있고, 영감 따위 없다면 남은 재료들을 적당히 썰어 기분 내키는 대로 토핑을 하면 된다. 약간의 핵과나 치아씨드, 코코넛 채 등을 자유롭게 얹어 미감(美感)을 더할 수도 있다. 조리도구 역시 간단하다. 우리 집에서 쓰는 것은 믹서 하나에 볼 2개, 스푼 2개, 도마 하나와 칼 하나가 전부다. 조리도구를 씻고 정리하는 데도 긴 시간이 걸리지 않는다. 아무리 바쁜 아침이라도 10분 정도 시간을 내어 천천히 커피를 한 잔 마시거나 여유로이 담소를 나눌 수도 있다.

이렇게 스무디 볼 하나로 간단히 휴일 아침 같은 기분을 낼 수 있다. 이른 아침, 하루 중 유일하게 우리 부부가 함께 있는 그 시간에.

스무디의 맛은 더없이 산뜻하고 깔끔하다. 스무디를 오래 먹다 보면 채소와 과일 천연의 단맛에 대한 민감도도 높아진다. 자연의 재료에 미뢰가 정화된 탓일까. 지금도 다른 채소 요리를 먹을 때면 다양한 결의 맛이 고루 느껴져서 신기하다. 이건 스무디 볼을 만들어 먹으면서 생긴 의외의 소득이다.

매일 비슷비슷한 것만 먹고 살다 보면 하루하루가 똑같게만 느껴진다. 먹는 방식이나 패턴에 약간의 변화만 주어도 매일의 일상이 조금은 더 신선해질 것이다.

영양이 풍부하면서도 달콤하고 예쁘기까지 한 뭔가를 먹고 싶다면, 당장 스무디 볼을 만들어 보자!

린후이링(林蕙苓)

11

CONTENTS

※더우장 대체 메뉴는 p.19를 참고

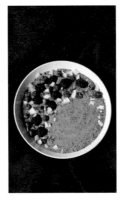

스무디 볼 만드는 순서

준비도구

재료들을 썰고 갈 수 있는 도구를 준비한다.
원하는 크기, 색깔, 무늬의 그릇을 준비한다.

분쇄도구

일반 믹서, 얼음 믹서 혹은 핸드믹서도 좋다.
값싸고 소박한 도구든, 비싸고 화려한 도구든 상관없다. 도구의 가격이나 브랜드는 요리의
질에 하등의 영향을 미치지 않는다.

볼

자기, 도기, 나무 재질, 코코넛 껍질 혹은 액체를 담을 수 있는 어떤 종류의 용기라도 상관없
다. 당신의 감각을 믿고 선택하라. 그릇 선택에서부터 당신의 예술적 기질이 발휘되기 시작
할 것이다.

스푼

탕 국물을 떠먹을 수 있는 스푼(중국의 식사에서 쓰이는, 한국의 숟가락보다 움푹 들어가 있
고 자루가 짧은 탕스푼을 가리킨다. 탕스푼의 용량은 일반 계량스푼의 1T(테이블스푼)과 같
은 15ml-역주). 이 책에 나오는 '한 큰술(T)'도 바로 그 탕스푼의 양이다.

위에서 언급한 것들은 모두 필수도구이며 여기에 하나 더, 깨끗이 씻은 당신의 손도 필요하
다. 이것이야말로 가장 중요한 예술창작 도구.

베이스 재료 준비

가장 자유로운 부분이다.
아래의 세 가지 베이스를 기준으로,
넣고 싶은 재료를 넣어 원하는 방식으로 배합하면 된다.
단, 즉시 먹을 수 있고 따로 가열할 필요 없는 재료인지만
사전에 확인하면 된다.

중량감 UP <농도 베이스>

스무디를 풍부하고 꽉 찬 느낌으로 만들어줄 베이스. 베이스를 깔아야 그 다음부터 당신만의 '그림'을 그려나갈 수 있다!

냉동 바나나 기타 냉동 과일, 곡물, 오트밀, 씨앗류, 두부, 아보카도, 콜리플라워, 식물성 오일 등 농후감을 줄 수 있는 어떤 재료라도 상관없다. 당신이 좋아하는 식재료이기만 하다면!

색감 UP <컬러 베이스>

스무디의 맛과 색을 책임질 베이스. 이 베이스가 당신이 그림을 그려나갈 화폭의 재질과 색깔, 그리고 먹었을 때의 맛을 결정한다.

베이스의 색감을 높이기 위한 재료로는 냉동 과일이나 비냉동 과일·채소, 혹은 바나나, 구기자, 말차 가루, 초콜릿 가루, 비트 등 당신이 먹고 싶은 채소와 과일 어떤 것이든 쓸 수 있다. 치아씨드, 스피루리나 분말, 블루베리 파우더, 단백질 파우더, 보리싹 분말, 밀싹 분말, 벌꿀 파우더, 진주 파우더, 강황 가루, 향신료 가루 등 영양과 건강을 더할 수 있는 재료도 좋다.

목넘김 UP <수분 베이스>

믹서의 원활한 작동을 도울 만한 무가당 액체류. 단 맛이 있더라도 그것이 천연의 단 맛이라면 상관없다. 요거트, 더우장(豆漿, 중국에서 아침식사 대용으로 즐겨먹는 '콩국물'로, 한국에서는 콩국이나 무설탕 두유로 대체할 수 있다-역주), 우유, 녹차, 코코넛 워터, 과즙 등이 있으며, 일반 음용수를 사용해도 무방하다.

베이스 혼합

준비한 세 종류의 베이스 재료를 모두 믹서에 넣고 부드럽게 간 다음 준비해둔 볼에 담는다.
이것으로 당신 입맛에 맞는, 당신만의 스무디가 얼추 완성되었다.

마지막 토핑

자, 화폭이 마련되었다. 이제 당신이 원하는 그림을, 당신이 원하는 질감으로 마음껏 그려나
가면 된다. 원하는 식감을 만들어낼 만한 재료 혹은 오늘 특별히 필요한 영양을 갖춘 재료를
첨가해도 좋고, 그냥 준비된 재료를 모조리 썰어서 얹어도 좋다.
창작욕을 좀 더 불태우고 싶다면 과일, 곡물, 코코넛 채, 견과류, 씨앗류, 꽃잎류, 바닐라 잎도
훌륭한 예술창작 재료가 될 수 있다.
그보다 더 특별한 작품을 만들고 싶다면, 멋들어진 모양의 나뭇가지라든가 기분을 낼 만한
단풍잎, 작은 악세사리 등 먹을 수 없는 재료를 장식물로 얹어도 좋다. 당신의 예술적 욕구를
충족시켜줄 수만 있다면! 단, 독성은 없어야 하고, 사전에 가족이나 친구들에게 그런 것은 먹
을 수 없는 것이니 먹지 말라고 주지시켜야 한다.

맛을 더하고 싶다면

채소류가 더 많이 들어가지 않은 이상, 과일 위주의 스무디라면 따로 가미가 필요하지 않다. 특히나 대만의 과일은 당도도 높은 편이다. 그럼에도 단 맛을 조금 더 높이고 싶다면, 꿀이나 메이플 시럽을 조금 첨가하면 된다. 그러나 과일에 이미 충분한 당도가 있으므로 건강을 생각한다면 설탕이나 다른 정제 당류를 첨가하는 것은 권하고 싶지 않다.

다만, 맛에 다채로움을 더하고 싶다면 약간의 소금을 첨가해도 좋다.

스무디 컬러 배합 규칙

스무디 볼을 만들 때 가장 빠져들게 되는 부분이다. 인공 색소 하나 없이, 채소와 과일이 지닌 본래의 색깔만으로 다양한 컬러 조합을 만들어낼 수 있다. 비슷한 계열의 색이라도 농도는 천차만별이어서, 서로 비슷해 보이는 색의 채소·과일이라도 막상 스무디를 만들어 보면 전혀 상상치 못했던 또 다른 색이 만들어진다.

하얀 액체 혹은 다른 과일들과 섞는 방식으로도 색의 농담 변화를 다양하게 만들 수 있다. 비슷하면서도 다른 여러 가지 색의 조합은 의외의 놀라움을 안겨주므로 대담하게 시도해보길!

◆**자색 계열** 붉은 색 과일과 채소는 기본적으로 선명한 자색과 붉은 색을 띤다. 베리류와 적육종 용과(적육종은 과피와 과육이 모두 붉은 품종이고, 백육종은 과피만 붉고 과육은 흰 품종이다-역주), 비트 등이 해당된다.

◆**황색 계열** 망고, 파인애플, 강황, 늙은 호박, 당근 등 귤황색 계열의 채소와 과일을 갈면 밝은 노란색을 낸다.

◆**녹색 계열** 일반적인 녹색 채소와 키위, 말차 가루, 스피루리나 분말 등이 해당된다. 좀 더 선명한 녹색을 원한다면 꽃양배추나 시금치를 더하면 좋다.

◆**청색 계열** 파란색을 내기 위해서는 스피루리나 분말이나 접두화(蝶豆花, '나비완두'로도 불리는 콩과 식물로, 파랗게 핀 꽃잎을 말려 꽃차로 쓴다-역주)차를 써야 한다. 스무디의 색을 한층 몽환적으로 바꾸어줄 것이다.

◆**커피색 계열** 코코아 가루나 땅콩버터를 추가해 만든 커피색 스무디는 한겨울의 축제 같은 분위기를 자아낸다.

특수 재료는 어디에서 살 수 있나

- **치아씨드** : 온라인 혹은 일반 마트, 건강식품 전문점에서 구매할 수 있다.

- **코코넛 채** : 일반 마트, 디저트 재료 전문점, 베이킹 전문점에서 구매할 수 있다.

- **코코넛 칩** : 베이킹 전문점에 가면 없는 경우가 많다. 대형 할인매장에 가면 어렵지 않게 구할 수 있고, 동남아 식품 전문점에 가도 살 수 있다.

- **코코넛 파우더** : 일반 마트, 동남아 식품 전문점, 베이킹 전문점에서 모두 구매할 수 있다.

- **스피루리나 분말** : 여러 인터넷 쇼핑몰을 통해 문의, 구매할 수 있고, TV홈쇼핑 사이트에서 판매하는 경우도 있다. 단, 어류 양식용과 혼동하지 말아야 한다. 대만의 오프라인 매장 중에서는 리런(里仁) 식품체인점에서 판매하고 있다. 독자 여러분도 집 근처의 건강식품 전문점을 돌아다니다 보면 뜻밖의 소득을 얻을 수 있을 것이다.

얼음처럼 투명하고 깨끗한 마음

배 · 파인애플 · 바나나

전에 살던 집의 이웃 아가씨가 3월 초에 결혼을 한다며 나에게 청첩장을 보내왔다. 내가 고등학생이었을 때 세상에 태어난 그녀는 내가 대학교에 다니던 시절, 온 동네를 사방팔방 뛰어다니는 천방지축이었다. 하루는 담장 위에 앉아 있는 길고양이를 쫓아낼 심산이었는지 빗자루를 들고 살금살금 다가가더니, 막상 쫓아내지도 못한 채 가만히 바라보다가 배시시 웃으며 말했다.

"와아, 귀엽다!"

그랬던 꼬마가, 어느 새 새 신부가 된 것이다.

춘삼월의 혼인이라…. 어딘가 모르게 낭만적이어서일까, 아니면 절기상으로 좋은 시기여서? 내 주위에도 유독 3월에 청첩장을 받게 되더라는 이들이 적지 않다. 하지만 조금만 생각해 보면, 그게 그렇게 정확한 통계는 아니라는 걸 알 수 있다. 아마도 3월에 결혼한다는 사실이 조금 특별하게 느껴져서 더욱 기억에 남았던 것 아닐까.

내 생애 처음 받아본 청첩장도 대학교 졸업을 앞둔 학기의 3월이었다.(중국의 대학들은 보통 6~7월에 졸업하고, 9월에 새 학기가 시작된다-역주) 누군가는 시험 준비에 정신이 없고 누군가는 취직을 위해 면접을 보러 다니느라 바빴던 그때, 누군가는 결혼 준비에 한창이었던 것이다.

누군가 내 앞으로 청첩장을 다 보내오다니. 너무도 낯선 기분이었던 동시에, 왠지 모를 부끄러움과 어찌해야 할지 알 수 없는 난감함도 밀려들었다. '아, 나도 이제는 축의금에 축복의 마음을 담는 연습을 해야겠구나'라고도 생각했다. 이런 것도 일종의 사회적 '성장' 체험 아닐까. 나 역시 붉은 봉투(중국에서는 축의금이나 세뱃돈을 '훙바오(紅包)'라고 부르는 붉은 봉투에 담아 건넨다-역주)를 만지작거리며 이전까지의 나와는 어딘가 달라진 기분이 들었다.

아직은 학교를 다니고 있는 3월이었지만, 친구들 모두 곧 바뀔 자신의 신분과 미래의 소속을 예감하며 작별의 분위기를 연출하고 있었다.

졸업까지 남아 있는 앞으로의 몇 달 동안, 우리는 그렇게 세상에 흩뿌려지는 씨앗들처럼 각자 뿌리 내리고 가지와 줄기를 뻗어갈 새로운 터전을 찾아 나섰다.

아침을 준비하기 전. 어떻게든 시간을 내어 결혼식에 갈 생각을 하고 있던 그때, 그릇 위에 놓인 배가 눈에 띄었다. 시원 달콤한 배의 첫 맛과 시간이 흘렀을 때의 변색이 머릿속에 떠오르면서 나도 모르게 야릇한 감상에 젖어들었다. 담장 위의 고양이를 보며 배시시 웃던 아이가 결혼 후 어떤 아내, 어떤 엄마가 될지는 알 수 없지만, 여전히 어린 시절의 그 꼬마처럼 잔잔한 미소를 품고 있겠지.

스무디 볼을 만들기 위해 배는 얇게 편으로 썬다. 얇은 배 조각에 햇빛이 닿으면 반대쪽으로 투명한 그림자가 진다. 얇고 투명한 조각은 얼음처럼 깨끗한 마음을 닮았다. 그 순백의 투명함은 내 마음에 새겨져 있는, 배의 본 모습이기도 하다. 옥그릇에 담긴 한 조각 투명한 얼음 같은 마음.

눈 깜짝하면 어느 새 사라져 있는 것이 청춘이듯, 배 역시 공기 중에 그대로 두면 산화되기 쉽다. 배를 갈아놓고 조금만 그대로 두면, 어느 새 늙어 있는 자기 자신을 발견하게 되듯 시간에 부식된 갈색이 배의 표면을 덮고 있는 것을 보게 된다. 어느 덧 시간 속에서 풍화되어 추억으로만 남아 있는 우리의 청춘처럼. 그러나 요거트와 파인애플도 넣어 두껍게 베이스를 만들면, 청량한 신 맛과 촉촉한 수분감이 더해질 뿐 아니라 갈아놓은 배의 갈변도 막을 수 있다. 신선한 배의 청춘을 그대로 동결시킬 수 있는 것이다.

플레이팅을 할 때는 재료들을 순서대로 가지런히 배열하여, 세 겹의 반원 모양으로 만든다. 그 위에 민트잎과 복분자를 얹으면 꽃송이 모양을 연출할 수도 있다. 사랑스러운 신부의 머리에 올려진 화관 같지 않은가!

이 스무디 볼은 어느 날 새벽에 만든, 누구도 알아채지 못했을, 그녀에게 보내는 나의 조용한 축복의 메시지였다.

얼음처럼 투명하고 깨끗한 마음

배 · 파인애플 · 바나나

1인분 레시피

베이스
냉동 배 반 개
냉동 파인애플 소량
무가당 요거트 3T
바나나 반 개

토핑
바나나
블랙베리
복분자
코코넛 칩
치아씨드
민트 잎 (다른 녹색 잎으로 대체하거나 생략 가능)

만드는 법
1. 베이스 재료를 믹서에 넣고 부드럽게 갈아 볼에 담고 고르게 편다.
2. 한쪽 가장자리에 치아씨드와 코코넛 칩을 뿌린 다음 바나나, 블랙베리, 복분자 등을
   반원형으로 한 줄씩 나란히 배열한다.
3. 마지막으로 민트 잎을 곳곳에 꽂아 장식한다.

Tips
- 곱게 갈린 스무디는 질감이 약하고 부드러우므로 과일을 올릴 때
  스무디 표면을 살짝 건드려 그대로 가볍게 얹는다.
  너무 힘이 들어가면 과일이 스무디 아래로 가라앉아버릴 수 있다.
- 배는 갈변이 되기 쉬우므로 신선한 식감을 유지하기 위해
  최대한 빨리 먹는 것이 좋다.
- 과일은 냉동시키기 전에 깨끗이 씻어 껍질을 벗긴 뒤 믹서에 갈릴 만한
  크기로 적당히 자르고, 한 번 쓸 양만큼 소분해서 냉동시키는 것이 좋다.
  얼린 다음에 사용하려면 껍질을 벗기기가 어렵다.
- 냉동 과일이 믹서 안에서 서로 붙어 잘 갈리지 않는다면,
  약간의 액체류를 넣고 다시 갈면 된다.

나의 분자시대

과육을 공 모양으로 파낼 수 있는 과일 스쿱을 샀다. 사이즈는 대, 중, 소 세 가지. 이것만 있으면 어떤 채소나 과일도 다양한 색깔·크기의 공 모양으로 파낼 수 있다. 파낸 과육을 밝은 노란색 쟁반에 담으니, 꼭 쿠사마 야요이(草間彌生, 강박증과 환영을 주제로, 끊임없이 반복되는 물방울무늬를 특징으로 하는 예술세계를 구축한 예술가–역주)의 설치미술 작품 같다.

나의 친구는 크고 작은 물고기알 같은 과육들을 보더니 "분자 요리(음식의 질감, 요리과정 등을 과학적으로 분석한 뒤 새롭게 변형시키거나 전혀 다른 형태의 음식으로 창조하는 것–역주)가 떠오른다"고 말했다. 그때만 해도 나는 '분자'와 '요리'라는 단어의 조합이 너무 낯설기만 했다. 인터넷에서 관련 사진을 찾아보면서도 각종 과즙 풍미의 타피오카 펄을 말하는 건가, 생각했다. '진주 밀크티의 그 '진주'?'

몇 년 전만 해도 흔히 볼 수 없던 '분자볼' 같은 요리도 이제는 꽤 많은 식당에서 어렵지 않게 먹어볼 수 있게 됐다. 바야흐로 분자의 시대가 왔나 보다. 음식의 미시적인 성분이 분해, 변형되었다는데 꽤 그럴싸하다. 흙인 줄 알았는데 흙이 아닌, 돌인 줄 알았는데 돌이 아닌. 나름 재미도 있어 보인다. 그런 음식들은 맛도 생김새도 모두 진짜 같기도 가짜 같기도 하다. "미래의 식탁"이라는 게 있다면 음식의 원형을 파괴, 재창조했다는 분자 요리야말로 그런 미래적인 느낌에 가장 잘 어울리는 것 같다. 그런 음식이 보기에 더 좋은지, 먹기에 더 좋은지는 사람마다 다르겠지만.

어쨌거나 나는 흥미가 생겼고, 인터넷으로 분자 요리 만드는 과정도 찾아보았다. 하나하나 따라도 해보았는데… 아아, 힘들어 죽는 줄 알았다. 무슨 가루약 같은 것도 사야 했고, 성형(成形)할 그릇이며 액즙 주입기까지 필요했다. 다 만든 뒤에는 깨끗한 물에 여러 번 씻기까지 해야 했다. 이렇게나 작은 요리에 이토록 엄청난 공이 들다니. 누가 보면 거창한 파티 준비라도 하는 줄 알겠네! 집에서 편히 만들어 먹을 수 있는 요리는 결코 아니었다.

인류가 음식에 화려함을 추구해온 역사는 매우 길다. 어느 고서를 펼쳐 보니, 송대에도 장식장 수준의 화려한 조각을 새겨 넣은 목제 식탁에, 꽃과 새, 혹은 산이나 돌 모양으로 만든 음식을 펼쳐 놓고 '삽산(插山)'이라는 이름을 붙이기도 했다고 한다. 음식들이 정말로 바위와 산봉우리처럼 생겼으니, 이런 식탁 앞에 앉은 식객들은 음식에 맛이 있는지 없는지도 알 수 없었을 것이다. 아마 자신이 먹고 있는 음식이 진짜인지 가짜인지도 구분하기 어렵지 않았을까. 이런 과장된 장식과 플레이팅은 오늘날 묘회(廟會, 절 안이나 절 옆에 임시로 설치된 시장)에 가면 가장 흔히 볼 수 있다. 나의 고향 집에서 대보도(大普渡, 저승 문이 열려 이승 사람들을 찾아온다고 하는 7월 보름 중원절(中元節) 혼령들을 위로하기 위해 지내는 제사-역주) 제사를 지낼 때에도 보니, 꽃무늬를 새겨 넣거나 용 혹은 봉황 모양으로 조각한 과일, 채소, 고기 요리가 제사상 위로 층층이 쌓여 있었다. 나는 그 책을 보고 나서야, 고향집의 보도연석(普渡宴席, 대보도 제사상)도 고풍을 재현한 것이었음을 알게 되었다.

현대로 올수록 음식의 장식성은 점차 간소해지고 있다. 그런데 조리법은 왜 그리 복잡해지고 있는 걸까. 삶아서 푹 찌고, 재워두었다가 모양을 빚고, 굽고 또 튀기고… 음식 하나 만드는 일이 이렇게나 고달파졌다. 그런데 막상 식탁 위에 올라온 음식을 보면, 크고 하얀 접시 한가운데 작은 원 하나 정도의 크기만 차지하고 있기 일쑤다. 이건 뭐지? 수묵화에서 영감을 얻은 '여백의 미'인가…. 사소한 부분까지 절묘하게 신경 쓴 고급스러운 플레이팅에서는 형이상학적 예술감마저 느껴진다.

나는 개인적으로 화장을 그다지 좋아하지 않지만, 음식만은 아무렇게나 담겨져 나오면 먹고 싶다는 생각이 들지 않는다. 그렇다고 일상적으로 먹는 가정식에 지나치게 많은 공과 시간을 쏟을 수도 없다. 그래서 이렇게, 과육을 공 모양으로 파낼 수 있는 스쿱 3개를 내 주방에 선물로 마련했다. 같은 채소, 과일인데도 한층 재미있어진 모양만으로 식탁에는 벌써 명랑한 기운이 감돌고 있으니!

나의 분자시대

스피루리나 분말 · 파인애플 · 바나나

1인분 레시피

베이스
냉동 바나나 반 개
냉동 파인애플 1/8개
무가당 요거트 3T
스피루리나 분말 적당량

토핑
백육종 용과(큰 스쿱으로 떠서)
키위(큰 스쿱, 작은 스쿱으로 떠서)
복분자
블랙베리
코코넛 채

만드는 법
1. 베이스 재료를 믹서에 넣고 부드럽게 갈아 볼에 평평하게 담는다.
2. 공 모양으로 뜬 과육과 블랙베리를 원하는 위치에 올린 뒤 사이사이의 틈에 복분자를 얹는다.
3. 마지막에 코코넛 채를 뿌리면 완성!

Tips
• 과일은 냉동시키기 전에 깨끗이 씻어 껍질을 벗긴 뒤 믹서에 갈릴 만한 크기로 적당히 자르고, 한 번 쓸 양만큼 소분해서 냉동시키는 것이 좋다. 얼린 다음에 사용하려면 껍질을 벗기기가 어렵다.
• 냉동 과일이 믹서 안에서 서로 붙어 잘 갈리지 않는다면, 약간의 액체류를 넣고 다시 갈면 된다.

로맨틱 비일상

딸기 · 망고 · 크랜베리 · 바나나

죽 늘어놓은 과일들을 보고 있으면, 독특한 모양과 다양한 색 때문인지 다른 어떤 음식에 비해서도 풍요롭게 느껴진다. 그중에서도 나는 가로로 자른 바나나와 키위를 특히 좋아한다. 바나나를 통째로 잡고 먹으면 바나나만의 독특한 단면을 제대로 볼 수가 없다! 어릴 적에 내가 바나나를 가로로 잘라 접시에 올려 담은 뒤 포크로 하나하나 집어먹고 있으면, 어른들은 "넌 참 한가하구나"라고 한 마디씩 하셨다. 고등학교 때의 한 친구는 내가 '수술칼로 바나나를 하나씩 살해하는 변태 같다'고 말하기도 했다.

지금은 어딜 가도 갖가지 과일의 단면 이미지와 과일 조각을 얹은 스무디를 흔히 볼 수 있다. 그럴 때면 어린 시절에 딸기의 단면을 가르면 보이는 분홍색 하트 무늬와 배를 얇게 썰면 투명한 날개를 먹는 듯했던 황홀한 느낌, 카람볼라(carambola, 동남아시아 원산의 괭이밥과 나무의 열매로 '오렴자(五歛子)' 혹은 '스타 후르츠'로도 알려진 열대 과일)를 자르면 단면 가득 별이 박혀 있어서 그대로 접시에 올려놓는 순간 작은 밤하늘이 펼쳐진 듯했던 기억이 떠오른다. 어린 시절의 눈에는 참으로 많은 것들이 낭만적인 상상으로 이어졌다. 따지고 보면, 그 아이는 식음료계의 선구자이지 않았나!

사실 많은 낭만적인 것들이 일상의 습관에서 벗어난, 이상한 것들로부터 시작된다. 특별함, 그것은 비일상의 다른 말인지도!

밥만 먹으면 단조로우니 초를 하나 켜고, 작은 화분도 하나 놓고, 넓은 돌을 쟁반 삼아 산수초목을 그려 넣듯 과일 · 채소를 올려놓아 보는 것…, 낭만적이지 않은가!

단색의 주스만 먹기엔 심심하므로 단면이 보이도록 자른 과일을 투명한 컵에 층층이 쌓고 주스를 붓는다. 색의 그라데이션을 이룬 투명 유리잔 속의 과일 주스, 낭만적이지 않은가!

너무 빨리 지나가버리는 어떤 순간들에 대해 우리는 '흔치 않은, 비일상적' 시간이었다고 느낀다. 낭만은 바로 그런 비일상적 우연에서, 남들과 다르게 굴기 시작하는 데서 탄생한다.

지금의 나에게도 바나나 단면을 접시에 늘어놓고 하나하나 음미하던 그 시절의 기억은 한없이 낭만적이기만 하다.

과일·채소의 색깔과 과육 단면은 그 자체로 플레이팅에 좋은 장식이 된다. 그런데 이렇게 장식하는 맛에 폭 빠져들다 보면, 어떤 시도든 자꾸만 해보고 싶어진다. 나 역시 과일 스쿱을 산 뒤로 한동안은 눈에 보이는 채소·과일마다 크고 작은 공 모양으로 파내기 바빴다. 크고 하얀 용과의 볼, 작고 붉은 용과의 볼, 녹색 키위의 볼, 눈을 뗄 수 없게 만드는 에메랄드 빛 아보카도볼, 보기만 해도 달콤한 하미과(哈密瓜, 중국 신장 위구르 자치구에 소재한 하미 지역을 원산지로 하는 멜론의 한 품종)볼, 수박볼…. 이렇게 만든 알록달록 구슬 과일을 스무디 볼에 얹으면 어찌나 사랑스러운지!

쿠사마 야요이가 대만을 방문했을 때 내 주위 친구들은 일제히 물방울무늬 강박증에라도 걸린 듯 물방울무늬 우산, 물방울무늬 블라우스, 물방울무늬 노트북을 써대기 시작했다. 그렇게 지천에 널려 있는 물방울무늬는 너무나 비일상적이어서, 사실은 물방울무늬가 아닌 것만 같았다.

뭐, 상관은 없다. 낭만은 곧 비일상이니까!

로맨틱 비일상

딸기 · 망고 · 크랜베리 · 바나나

1인분 레시피

베이스
냉동 바나나 반 개
냉동 딸기 8개
망고 1/4개
크랜베리 크게 한 줌
무가당 요거트 3T

토핑
망고(큰 스쿱으로 떠서)
딸기(잘게 썰어서)
키위(큰 스쿱, 작은 스쿱으로 떠서)
바나나(편으로 썰어서)
건블루베리
호두(잘게 부숴서)
코코넛 채

만드는 법
1. 베이스 재료를 믹서에 넣고 부드럽게 갈아 볼에 평평하게 담는다.
2. 볼 면적의 1/4을 코코넛 채로 덮는다.
3. 나머지 면적에 바나나 편과 과일볼들을 올린 뒤 사이사이의 틈에 잘게 썬 딸기를 얹는다.
4. 마지막으로 잘게 부순 호두와 건블루베리를 뿌리면 완성.

Tips
• 과일은 냉동시키기 전에 깨끗이 씻어 껍질을 벗긴 뒤 믹서에 갈릴 만한
  크기로 적당히 자르고, 한 번 쓸 양만큼 소분해서 냉동시키는 것이 좋다.
  얼린 다음에 사용하려면 껍질을 벗기기가 어렵다.
• 냉동 과일이 믹서 안에서 서로 붙어 잘 갈리지 않는다면,
  약간의 액체류를 넣고 다시 갈면 된다.

아침에는 무슨 얘길 나누면 좋을까?

파인애플 · 바나나

아무 생각 없는 아침, 냉장고 문을 열어 색이 비슷해 보이는 과일 두 개를 집어 든다. 바나나와 파인애플에 무가당 요거트를 넣고 믹서에 갈자, 우유빛 도는 노랑 스무디가 완성되었다. 밝고 따뜻한 노란 색을 보니, 내 마음에도 환하게 불이 켜진다. 바나나 · 파인애플 스무디는 연노란 햇살이 세상에 퍼지기 시작하는 새벽의 음식으로 더할 나위 없이 잘 어울린다. 아직 밤의 냉기가 채 가시지 않은 시각, 하루를 시작하는 사람의 마음을 쾌활하게 만들어주는 것으로 따뜻한 연기가 오르는 홍차와 우윳빛 연노랑 스무디만한 것도 없다.

그런데… 우윳빛 요거트 위에는 뭘 얹으면 좋을까? 나는 한동안 아무것도 정하지 못한 채 멍하니 서 있었다.

집에서 음식을 해먹을 때는 자주 그렇게 된다. 맛은 대충, 재료도 간단히. 모든 기준이 한없이 관대해진다. 그러다가 가끔 일상을 벗어난 특별한 뭔가를 경험하고 싶어지는데, 바로 그때 어김없이 찾아오는 것이 이런 머뭇거림이다. 인생이 그러하듯, 모든 일에는 '영감'이 필요한 순간이 있다.

인터넷의 요리사 커뮤니티에서 '영감'을 공유하는 글을 본 적 있다. 다양한 분야의 요리를 하는 요리사들이 모두 모여 있는 그 커뮤니티에는, 갑자기 새로운 재료를 던져주며 신메뉴 개발을 해오라는 사장 때문에 고통스럽다는 호소의 글이 적지 않았다. 그런 글에는 다른 요리사들이 짜낸 신기한 아이디어도 댓글로 많이 달렸다. 한 요리사는 곰발바닥 요리를 한번도 해본 적이 없는데, 사장님이 '곰발바닥 요리에 지지 않을 희귀하고 고급스러운 요리'를 개발해보라고 닦달하고 있다며 괴로워했다. 그러자 다른 요리사들이 낙타 발바닥으로 만드는 찜과 튀김, 회과육 등을 앞다투어 제안했다. 고민을 토로했던 요리사는 이런 의견을 사장님에게 전했고, 사장님도 매우 만족스러워했다고 한다. 낙타 고기라니! 희귀하기는 희귀하다.

안타깝게도 스무디를 만드는 가정주부에게 '낙타 발바닥찜' 같은 신선한 영감을 제공할 만한 커뮤니티가 존재할 리 없다.

그저 가까이 있는 가족에게 "여기에 뭐 올리면 좋을까?"라고 물어볼 수 있을 뿐.

"아무 거나!"

아앗, 돌아오는 대답은 늘 이런 식이다. 아침부터 뭔가 울컥 올라오지만 분노는 건강에 좋지 않다. 진지한 '대화 모드'로 전환해 보자.

"지금 파인애플 요거트 스무디 만드는 중인데 여기에 노란색 없는 게 좋을까, 초록색 없는 게 좋을까?"

"빨간 건 없어? 빨간 게 노란 거랑 같이 있으면 예쁠 거 같은데."

당연히 있지! 냉장고 맨 아랫칸 안쪽에 딱 하나 남은 자두를 꺼내 편으로 썰고, 냉동 복분자를 볼 위에 얹었다. 미션 완수!

일상에서는 많은 선택들이 이런 식이다. A와 B 사이에서 고민하는 나에게 천사가 다가와 친히 C를 내미는…. 사실은 이런 것이 '영감'이 강림하는 순간 아닐까.

"너희 가족은 아침에 무슨 얘기 나누니?"

가정주부인 친구가 나에게 물었다.

가족들을 깨워 식탁 앞으로 부르고 자녀들을 학교에 보내는 것이 그녀의 아침 일과다. 아침 식사 자리에서 자녀들과 나누는 대화도 공부 아니면 시험, 그도 아니면 자질구레한 집안일에 관한 것뿐이라고 했다. 듣기만 해도 상당히 분주한 아침을 보내는 것 같다.

그에 비하면 우리 집에서 나누는 대화는 한가함과 태평함의 극치라고 해야 할 듯하다.

아침에 먹는 스무디 볼이 워낙 맛있다 보니, 대화의 주제도 그날 먹은 스무디의 맛에 관한 것이다. 먹을 때에는 온 마음을 다해서 먹고, 다 먹은 뒤에는 서로 아무 생각이 없다. 그냥 음악을 듣거나 햇빛을 쬘 뿐…. 그럴 수밖에 없지 않은가. 이제 막 일어났을 뿐인데, 아침부터 무슨 생각을 그리 열심히 할 수 있단 말인가.

잠도 덜 깬 이른 아침에 멍하니 보낼 수 있는 5분이라는 시간은, 차라리 소소한 행복이라고 해야 하지 않을까.

아침에는 무슨 얘길 나누면 좋을까?

파인애플 · 바나나

1인분 레시피
_____

베이스
냉동 바나나 반 개
냉동 파인애플 1/8개
무가당 요거트 3T

토핑
자두(편으로 썰어서)
블루베리
복분자
호두(잘게 부숴서)
코코넛 채
만수국(萬壽菊) 잎(다른 녹색 잎으로 대체하거나 생략 가능)

만드는 법
1. 베이스 재료를 믹서에 넣고 부드럽게 갈아 볼에 평평하게 담는다.
2. 볼 중앙에 편으로 썬 자두를 부채 모양으로 얹고, 볼 윗면의 절반을 코코넛 채로 채운다.
3. 코코넛 채 위로 블루베리를 가득 올리고, 사이사이의 틈에 복분자와 만수국 잎을 적당히 얹
   은 다음 약간의 코코넛 채를 뿌리면 완성.

Tips
• 자두는 가로로 한 바퀴를 돌리면서 가른 다음 세로로 조각을 내어 자른다.
• 과일은 냉동시키기 전에 깨끗이 씻어 껍질을 벗긴 뒤 믹서에 갈릴 만한
  크기로 적당히 자르고, 한 번 쓸 양만큼 소분해서 냉동시키는 것이 좋다.
  얼린 다음에 사용하려면 껍질을 벗기기가 어렵다.
• 냉동 과일이 믹서 안에서 서로 붙어 잘 갈리지 않는다면,
  약간의 액체류를 넣고 다시 갈면 된다.

훔쳐온 시간

블루베리 · 용과 · 바나나

제대로 차릴 시간도 없이 아침을 먹어야 했던 날이면, 하루 종일 헛헛함이 가시지 않는다. 아침 식탁에서 느긋하게 하루를 시작할 수 있었으면 좋았을 텐데…. 바쁜 아침에 느긋함까지 바라는 게 사치일 수도 있지만, 아쉬운 건 아쉬운 거니까.

사람의 한평생의 아침식사 시간을 모두 더한다 해도 채 몇 년이 되지 않을 것이다. 그러나 그 아침이 사랑하는 사람과 함께할 수 있는 유일한 시간이었다면, 아침식사 시간이 줄어든다는 것은 단순히 한 끼를 거르는 것 이상으로 서글픈 일이 된다. 인생에는 종종 그렇게 아쉽게 놓칠 수밖에 없는 시간들이 있다. 놓칠 수밖에 없었던 데에는 수만 가지 이유가 있겠지만, 놓친 건 놓친 것이고 후회만 남을 뿐이다.

그래도 정말 눈 코 뜰 새 없이 바쁜 날이면 어쩔 수가 없다. 밖에서라도 간단히 해결하는 수밖에. 더우장(p.19 참고)이나 주먹밥, 그도 아니면 햄버거나 감자튀김이라도 사든 채 종종 걸음으로 출근해야 한다. 그렇게 도착한 사무실에서 혹은 모닝카페 의자에 앉아 허겁지겁 음식을 입에 넣다 보면, 느긋하게 흘러가던 집에서의 아침 시간이 몹시 그리워진다.

그런 의미에서 모든 아침식사는 간신히 훔쳐온 시간 속에서 누리는, 비일상적 여유인지도 모른다. 때로는 눈물이 날 만큼 고마운 선물 같기도 한….

싱크대 옆에 둔 유리 화분에는 나흘 전 야산에서 캐온 들꽃이 자라고 있다. 가져올 때부터 한두 송이 꽃을 피우고 있었는데, 나흘째가 되자 전체 봉오리의 70%에서 노란 꽃잎이 활짝 벌어졌다. 끓인 물을 찻잔에 부어 홍차를 우리는 동안, 유리 화분에서 날아온 꽃향기가 살금살금 코를 간질인다. 화분에도 물을 주자, 생기로 충만해진 꽃봉오리에서는 더욱 맑고 은은한 향기가 뿜어져 나온다.

요 며칠 아침 식단은 특별할 것이 없었다. 요거트와 바나나, 약간의 딸기를 곁들인 베이스로 스무디를 만들고, 편으로 썬 과일을 그럭저럭 올려놓은 게 전부. 일상적이기 그지없는 스무디였지만, 오늘만은 한 가지 달라진 것이 있다. 바로 꽃잎을 활짝 연 들꽃의 존재!

노란 꽃이 핀 화분을 식탁으로 가져와, 연기가 모락모락 오르는 찻잔 옆에 두었다. 알록달록 색감 고운 과일 스무디까지 식탁에 올리자, 그렇게 풍성하고 낭만적일 수가 없었다. 가족들 모두 나른한 행복감에 휴가라도 온 듯한 기분에 빠져들었다. 그런 시간이라 해봐야 20여 분 남짓, 다시 분주한 일상으로 돌아와 출근 준비에 여념이 없었지만. 느긋하고 평온한 아침 시간은 그렇듯 빠듯하게 돌아가는 일상의 틈을 간신히 벌려야만 마련할 수 있는 것이었다. 오늘은 꽃이 활짝 피어준 덕분에, 마음의 여유를 찾기가 한층 수월해졌다.

무심코 캐온 한 줌의 들꽃이 때 아닌 휴가의 느낌까지 선물해준 것이다.

뜻하지 않게 휴가 아닌 휴가를 얻은 어느 주중 오후. 나는 다구를 챙겨들고 벚꽃 만개한 나무 아래로 가서 천천히 한 모금씩 차를 홀짝여볼 계획이었다.

공원에 늘어선 겹벚꽃 나무들은 처마처럼 긴 가지를 드리우고 있었다. 눈보라 치듯 꽃잎이 흩날리는 처마 아래에 가만히 머물러 있으면 한없이 그윽하고 낭만적일 줄만 알았는데… 나도 모르게 한기에 휩싸여 오들거렸다. 초봄의 꽃샘추위가 아직 다 가시지 않았던 것이다. 부츠를 신었는데도 발목이 다 시려왔다. 할 수 없이 주섬주섬 다구를 정리하고, 남은 차는 집으로 가져와 마저 마셨다.

결과적으로, 시간을 훔치는 것도 원한다고 되는 게 아니었다. 여유를 누리는 낙은 이를 데 없이 세심한 준비가 필요한 일이기도 했다.

18세기 청대의 심복(沈復)이라는 사람이 쓴 《한가로운 정취의 기록(閒情記趣)》이라는 책에는, 심복의 아내 진운(陳芸)이 멜대와 가마를 빌려 남편과 남편 친구들과 함께 유채꽃 구경을 간 이야기가 실려 있다. 매화가 지고 유채꽃이 가득 메운 들판에서 한창 꽃구경을 하던 일행은, 가마에 싣고 온 도구들을 꺼내 술과 차도 데우고 맛있는 음식도 먹으면서 초봄 같은 늦겨울 정취를 만끽했다. 유채꽃 구경이야 누구나 할 수 있지만, 그들은 따뜻한 술과 차, 맛있는 음식까지 맛보며 계절의 정취를 즐기는 데 성공한 것이다. 그렇다! 시간을 훔치기 위해서는, 그토록 번거로운 준비와 창의적 발상까지도 필요한 법이었다.

훔쳐온 시간

블루베리 · 용과 · 바나나

1인분 레시피

베이스
냉동 바나나 반 개
냉동 블루베리 크게 한 줌
냉동 적육종 용과 작은 것 1개
무가당 요거트 3T

토핑
블루베리
키위(편으로 썰어서)
딸기(편으로 썰어서)
망고(편으로 썰어서)
코코넛 칩
코코넛 채
치아씨드

만드는 법
1. 베이스 재료를 믹서에 넣고 부드럽게 갈아 볼에 평평하게 담는다.
2. 볼 윗면에 넓게 치아씨드를 뿌리고 블루베리와 편으로 썬 키위, 딸기, 망고, 코코넛 칩을
   한 줄씩 차례로 배열한다.
3. 코코넛 칩 위에 코코넛 채를 뿌리고, 과일 편 위에 다시 치아씨드를 뿌리면 완성.

Tips
• 이 스무디 볼에는 얹는 과일이 많으므로 베이스가 보일 만한 공간을
  따로 남겨두어야 전체적으로 더욱 풍성해 보인다.
• 과일은 냉동시키기 전에 깨끗이 씻어 껍질을 벗긴 뒤 믹서에 갈릴 만한
  크기로 적당히 자르고, 한 번 쓸 양만큼 소분해서 냉동시키는 것이 좋다.
  얼린 다음에 사용하려면 껍질을 벗기기가 어렵다.
• 냉동 과일이 믹서 안에서 서로 붙어 잘 갈리지 않는다면,
  약간의 액체류를 넣고 다시 갈면 된다. 다.

연지빛 스노우 아이스 셰이크

용과 · 바나나 · 더우장 · 귀리 우유

'스노우 아이스 셰이크'라는 이름, 왠지 모르게 낭만적이다. 한여름에 만끽하는 청량감, 한겨울의 동북 정취, 언제 어디서든 하얀 눈이 쏟아질 것만 같은 세상을 연상시킨다. 얼린 과일을 요거트와 함께 부드럽게 갈아낸 스무디도 스노우 아이스 셰이크의 일종이라고 할 수 있겠다. '스노우 아이스 셰이크'의 중국어 번역어인 '설포(雪泡)'라는 단어는 고대 문헌에서도 찾아볼 수 있다.

《동경몽화록(東京夢華錄)》에 따르면, '설포'는 북송 시대(960~1127년))의 변량(卞梁, 지금의 허난성(河南省) 카이펑(開封))이라는 도시에서 여름이 되면 즐겨 먹는 피서 음식이었다. 북송 시대 변량에서는 여름만 되면 거리 가득 늘어선 차양산(遮陽傘, 파라솔) 아래에서 커다란 얼음을 띄운 콩국이나 감초물을 팔았다고 전해진다.

이런 '거리 음료'는 인류의 오랜 문화유산이라고 해야 하지 않을까. 수천 년 전은 물론 지금까지도 사람들은 거리에서 무언가를 즐겨 마시고 있으니 말이다. 북송 시대의 식음료 노점 파라솔이 검은 천으로 이루어진 청포산(青布傘)이었다면, 일본에서는 노천에서 말차나 과자를 즐겨 먹다가 후에 붉은 종이 파라솔인 홍지산(紅紙傘)을 설치하기 시작했다고 한다. 현재의 대만 사람들에게 익숙한 식음료 노점의 파라솔은 방수천이나 비닐천으로 되어 있다. 햇빛을 차단하는 재료가 무엇이건 간에, 노천에서 무언가를 마시며 한가로운 정취를 즐겼다는 사실만은 공통적이다.

내가 상상했던 '설포'는, 오늘날의 갈아 만든 스무디처럼 자잘한 얼음 조각을 스푼으로 떠먹는 형태의 고풍스러운 디저트였다.

그런데 문헌의 고증이 이런 나의 상상을 무참히 무너뜨렸다. 고대 문헌 속의 '설포 콩국물'은 콩국물에 큼지막한 얼음 조각 하나를 띄운 거라고 한다. 큼지막한 얼음이 대체 어떻게 '스노우 아이스'일 수 있단 말인가! 절구로라도 대충 빻은 얼음도 아니고, 무식하게시리 '큼지막한' 얼음이라니!

가끔 식당에서 밥을 먹다 보면, '명과 실이 부합하지 않는' 음식명을 보게 될 때가 있다. 중국의 음식명은 그 음식에 들어가는 재료나 맛, 음식을 담는 그릇의 종류 등을 반영하고 있어서 음식명만 봐도 어떤 음식일지 대충 기대가 된다. 막상 나온 음식이 내 기대에 정확히 들어맞으면 이루 말할 수 없는 쾌감까지 밀려든다. 이렇게 음식명만을 보고 어떤 음식일지 상상해 보는 것은 나만의 소소한 낙이기도 하다.

그런 의미에서, 자신이 선택한 재료를 가지고 자신이 원하는 방식으로 만든 요리에 자신이 정한 이름을 붙여 보는 것도 충분히 낭만적인 일이 되지 않을까.

세상의 많은 요리들은 나름의 전승을 거치며 유래된 이름이 있고, 그 이름에는 그 요리 고유의 역사와 전통이 담겨 있다. 자신만의 고유한 역사를 담아낸 요리 또한 마찬가지일 것이다.

같은 이유로, 북송 거리에서 팔았다는 '설포 콩국물'은 나에게 그다지 딱 들어맞는 이름이라고 느껴지지 않는다. 그보다는 더우장과 귀리 우유에 적육종 용과를 넣고 갈아 만든 스무디볼이야말로 적육종 용과의 은은한 연지빛에 부드러운 더우장 베이스가 어우러진 핑크빛 스노우 아이스 셰이크, 명실상부한 '연지빛 설포' 아니냐고 주장하고 싶은 바이다.

연지빛 스노우 아이스 셰이크

용과 · 바나나 · 더우장 · 귀리 우유

1인분 레시피

베이스
적육종 용과 반 개
냉동 바나나 반 개
무가당 요거트 3T
더우장 1T
귀리 우유 약간

토핑
키위(편 썰어서)
적육종 용과(작게 편 썰어서)
믹스 견과
치아씨드
코코넛 채

만드는 법
1. 베이스 재료를 믹서에 넣고 부드럽게 갈아 볼에 평평하게 담는다.
　　(더우장 대체 메뉴는 p.19를 참고)
2. 볼 중앙에 작게 편 썬 적육종 용과를 올린다. 베이스에 살짝 잠겨도 무방하다.
　　그 위에 치아씨드와 믹스 견과를 뿌리고, 그 위에 다시 편 썬 적육종 용과를 올린다.
3. 볼 가장자리에 단면이 보이도록 편 썬 키위를 눕혀 한 줄로 늘어놓는다.
4. 전체적으로 약간의 코코넛 채를 뿌리면 완성.

Tips
• 용과나 수분 함량이 높은 다른 과일을 믹서에 갈면 기포가 많이 생긴다.
그러므로 이 스무디에 이름을 지을 때에는 '버블 버블' 같은 말을 붙이면
한층 더 잘 어울릴 수 있다.
• 과일은 냉동시키기 전에 깨끗이 씻어 껍질을 벗긴 뒤 믹서에 갈릴 만한
크기로 적당히 자르고, 한 번 쓸 양만큼 소분해서 냉동시키는 것이 좋다.
얼린 다음에 사용하려면 껍질을 벗기기가 어렵다.
• 냉동 과일이 믹서 안에서 서로 붙어 잘 갈리지 않는다면,
약간의 액체류를 넣고 다시 갈면 된다.

황금빛 스노우 아이스 셰이크

키위 · 파인애플 · 바나나 · 더우장

아, 참! 냉동실에 넣어둔 포도알이 생각난다. 가공 제품이 아니고, 신선한 포도를 깨끗이 씻어 직접 얼린 것이다.

오후에 홍차를 마시며 냉동 포도알을 꺼내 같이 먹었다. 우걱우걱 씹을 필요는 없고, 앞니로 포도알 가장자리를 조금씩 갉아가며 먹으면 된다. 어릴 적에는 이렇게 먹다가 '쥐 같다'는 구박도 많이 받았다. 하지만 보는 사람만 없다면, 나는 지금도 이렇게 먹는 게 더 좋다.

당분과 수분이 동결되어 빡빡하게 씹히는 냉동 과일은 생과일과 질감이 다르다. 약간의 맛이 가미된 공장산 냉동 과일과도 다르다. 직접 냉동시킨 생과일의 과육 무늬에 천연의 단 맛, 신 맛이 어우러져 만들어내는 풍부한 청량감은 직접 먹어봐야만 제대로 알 수 있다.

한창 과일 나오는 철이 되면, 우리집 냉동실은 각양각색의 과일로 빼곡해진다.

파인애플을 사면 절반쯤 남편과 같이 먹고, 나머지 절반은 적당히 잘라 냉동실에 넣어둔다. 망고를 많이 산 날은 지나친 후숙으로 검은 반점이 생기기 전에, 깨끗이 씻어 껍질을 벗긴 뒤 적당히 잘라 냉동실에 넣는다. 생산지에 직접 주문, 구매한 포도는 한번에 큰 상자에 담겨서 오기 때문에 처리하기가 만만치 않다. 한두 송이는 받은 그날 바로 남편과 함께 먹고, 나머지는 깨끗이 씻어 냉동실에 넣는다.

올해는 기후상의 문제로 바나나 출하가 많이 늦어졌다. 우리 가족은 바나나 농가를 돕는 마음으로 매일 열심히 바나나를 먹고 있지만, 먹다먹다 물리면 역시 껍질을 벗기고 적당히 썰어서 냉동실에 넣는다.

올 여름 과일들은 이런 식으로 모조리 자신들의 청춘을 동결시켰다. 신선할 때의 향과 즙 모두 그대로 보존되었다. 정말이다. 생과일 시절 그대로다.

냉동 과일은 스무디를 만들기 위한 최적의 재료다. 냉동 과일 베이스는 생과일 베이스보다 농후한 질감을 자랑하지만, 믹서에 갈면 소르베처럼 사르르 부드러워진다. 향도 생과일의 향 그대로다.

생과일로 베이스를 만들 땐 믹서에 얼음 조각을 조금 섞어서 갈면 질감을 좀 더 농후하게 만들 수 있다. 하지만 과일 자체를 냉동시키면 따로 얼음을 추가할 필요가 없다. 요거트 셔벗 같은 걸쭉함을 원하는 게 아니라면 더더욱.

수분과 당분이 모두 높은 제철 과일에는 '어른의 쓴 맛'이라고 일컬어지는 다크 초콜릿이나 씁쓸한 말차 가루를 첨가해서 갈면 독특하고 오묘한 맛이 만들어진다. 어쩌면 이것은 대만의 제철 과일만이 만들어낼 수 있는 맛인지도!

파인애플을 주재료로 하는 황금빛 스노우 아이스 셰이크는 정말 금가루 눈이라도 내린 듯, 갈았을 때 더욱 밝고 선명한 색을 낸다. 토핑으로 견과류를 뿌리면 씹는 식감도 더할 수 있다.

황금빛 스노우 아이스 셰이크, 풍성한 여름의 왕성한 생명력이 담긴 스무디 볼이다.

황금빛 스노우 아이스 셰이크

키위 · 파인애플 · 바나나 · 더우장

1인분 레시피

베이스
파인애플 1/8개
키위 1/4개
냉동 바나나 반 개
무가당 요거트 3T
더우장 1T

토핑
키위(편으로 썰어서)
바나나(편으로 썰어서)
알이 작은 블루베리
믹스 견과
치아씨드
코코넛 채

만드는 법
1. 베이스 재료를 믹서에 넣고 부드럽게 갈아 볼에 평평하게 담는다.
2. 볼 중심에서 가장자리 방향으로 치아씨드, 믹스 견과, 키위 편, 바나나 편을 한 줄씩
   배열한다.
3. 볼의 한쪽 가장자리 틈을 블루베리로 메우고, 약간의 코코넛 채를 뿌리면 완성.

Tips
• 냉동 과일이나 생과일 중 어느 것을 써도 무방하다.
  식감만 약간 달라질 뿐이다. 그때그때 마음 가는 대로 선택하면 된다.
• 과일은 냉동시키기 전에 깨끗이 씻어 껍질을 벗긴 뒤 믹서에 갈릴 만한
  크기로 적당히 자르고, 한 번 쓸 양만큼 소분해서 냉동시키는 것이 좋다.
  얼린 다음에 사용하려면 껍질을 벗기기가 어렵다.
• 냉동 과일이 믹서 안에서 서로 붙어 잘 갈리지 않는다면,
  약간의 액체류를 넣고 다시 갈면 된다.

나의 어린 시절에게

배 · 청포도 · 깻잎 · 바나나

창문 커튼을 활짝 열어젖히니, 논밭이 펼쳐진 들길에서 아이들이 개를 산책시키거나 공을 차면서 놀고 있다. 몇몇 아이들은 따사로운 햇빛 아래 고개를 쭉 내민 채 자라는 도깨비바늘도 몇 줄기 뽑아 천진난만하게 흔들고 있다. 도깨비바늘의 날카롭고 검은 씨앗은 아이들 옷에도, 강아지 털에도 착착 가서 달라붙는다. 그러나 상관없다. 아이들은 아무런 세상고민 없이 신나게 뛰어다니고 있다.

"태양 아래 새로운 것은 없다"고 말하기 좋아하는 사람은 세상 무엇에도 설레지 않는 시든 마음을 가지고 있는 것 아닐까. 아이들에겐 저렇게 사소한 모든 것이 다 새로운데 말이다.

아이들의 떠들썩한 웃음소리에는 강한 전파력이 있다. 오늘처럼 날씨 좋은 날이면 나 역시 한 상 잘 차려 먹고 얼른 나가 놀고 싶어진다. 오늘은 특별히 요거트에 깻잎을 갈아 넣어 볼 전체를 연녹색으로 만들어보았다. 은은한 깨향을 품은 깻잎은 굉장히 독특한 맛을 내는 재료다.

냉장고에 있는 채소 · 과일들은 늘 먹던 것들이라, 어떻게 조합하면 어떤 맛이 날지 어렵지 않게 상상할 수 있다. 하지만 오늘은 새로움에 설레고 싶어졌으므로 이제껏 한번도 경험해보지 못한 새로운 조합을 시도해볼 생각이다. 설령 그 시도의 결과물이 괴상야릇하더라도 이해와 포용의 자세로 감싸주는 것이 좋겠다.

알고 보면 우리의 삶도 그냥 이렇게 가볍게 시도해 보는 자세로 충분하지 않을까. 비장할 것 하나도 없다. 그냥 내가 다 먹으면 되지 않나. 재료도 원래 다 먹을 수 있는 것들이다. 맛이나 모양이 조금 별로라 하더라도 눈 딱 감고 먹어버리면 그만이다. 어쨌거나 시도는 해본 것이니 아쉬울 것도 없다. 충분히 시도해볼 수만 있다면, 세상은 얼마든지 새로움으로 충만해질 수 있다!

청포도와 배에 깻잎, 요거트를 넣고 믹서에 간 다음… 토핑으로는 뭘 얹는 게 좋을까?

창밖의 아이들이 도깨비바늘을 가지고 놀고 있다면, 우리집 화분에는 스스로 날아 들어와 뿌리까지 내린 채 잘 자라고 있는 함풍초(咸豊草, '도깨비바늘'의 다른 이름)가 있다. 그러나 우리집 화분의 함풍초는 아직 무시무시한 도깨비바늘이 되지 못했다. 그러니 이 연녹색 스무디에는 태양을 향해 날아갈 듯한 자세를 취하고 있는 함풍초 꽃잎을 올리는 것이 좋겠다.

이 야생식물의 생태에는 '함풍초'라는 고풍스러운 이름보다는 '도깨비바늘'이라는 그로테스크한 이름이 더 잘 어울리는 것 같다. 꽃을 피운 뒤에는 검은 가시 모양의 씨앗을 노출시키고 마구 퍼뜨려, 근처에 있는 모든 것들의 몸에 착착 달라붙는다. 어린 시절의 나는 이 도깨비바늘을 좋아하기도 싫어하기도 했다. 남들에게 흩뿌릴 땐 재미있는데, 내 옷에도 도깨비바늘이 박힌 채로 집으로 돌아오면 여기저기 따끔거려 견딜 수가 없었다.

'함풍초'는 1년 내내 꽃을 피운다. 함풍초 꽃이 핀 자리를 멀리서 보면 꼭 데이지가 한가득 피어 있는 것 같다. 어린 시절의 나는 혼자 심심할 때마다 이런 것들을 꺾어 가지고 놀았다. 방과 후면 논두렁이나 밭두렁, 하천 둑을 걷다가 데이지 혹은 도깨비바늘처럼 보이는 풀이 있으면 바로 꺾어서, 지나온 길을 흔적으로 남기기라도 하듯 가시 혹은 꽃잎을 길에 뿌리며 그대로 집으로 돌아오곤 했다.

가끔은 괭이밥도 꺾어 입에 넣고 오물거리면서 시큼한 풀맛을 음미하기도 했다. 밭두렁이나 길바닥에는 가끔 보는 사람 홀리게 만드는 총천연색 뱀딸기도 있었다. 앙증맞은 생김새에 비해 막상 먹어보면 맛은 그다지…. 하지만 이런 것 저런 것 다 한번씩은 따먹어보았다. 그중 집까지 오는 길에 가장 재미있게 가지고 놀았던 것은 단연 도깨비바늘이었다. 그 순간만큼은, 내가 한 손만 휘둘러도 꽃잎들을 우수수 떨어지게 만드는 비도협객(飛刀俠客)이 된 것 같았기 때문이다.

나의 어린 시절에게

배 · 청포도 · 깻잎 · 바나나

1인분 레시피

베이스
냉동 바나나 반 개
냉동 배 알이 작은 것으로 반 개
청포도알 작게 한 줌
깻잎 적당량
무가당 요거트 3T

토핑
포도알(반 가른 것으로)
코코넛 칩
코코넛 채
도깨비바늘 꽃(다른 꽃잎으로 대체하거나 생략 가능)
만수국 잎(다른 녹색 잎으로 대체하거나 생략 가능)

만드는 법
1. 베이스 재료를 믹서에 넣고 부드럽게 갈아 볼에 평평하게 담는다.
2. 코코넛 칩을 볼 중앙에 길게 뿌리고, 반 가른 포도알을 가볍게 얹는다.
3. 코코넛 채를 뿌린 뒤 사이사이의 틈에 도깨비바늘 꽃잎과 만수국 잎을 얹는다.

Tips

• 도깨비바늘의 꽃잎은 날아갈 듯한 날개 이미지로 연출한다.
  꽃잎을 먹을 수는 있지만, 맛은 좋지 않을 수 있다.

• 과일은 냉동시키기 전에 깨끗이 씻어 껍질을 벗긴 뒤 믹서에 갈릴 만한
  크기로 적당히 자르고, 한 번 쓸 양만큼 소분해서 냉동시키는 것이 좋다.
  얼린 다음에 사용하려면 껍질을 벗기기가 어렵다.

• 냉동 과일이 믹서 안에서 서로 붙어 잘 갈리지 않는다면,
  약간의 액체류를 넣고 다시 갈면 된다.

이번 생에는 없는 인연

어찌 보면 먹는 것도 인연이다. 이번 생에 얼마나 다양한 것들을 먹을 수 있는가 하는 것은 일종의 운명인지도 모른다. 음식이라고 맛이 전부가 아니고, 나에게 먹을 인연이 있느냐가 더 관건이 될 수 있는 것이다.

남부의 섬 출신인 한 친구는 망고, 그중에서도 간장에 찍어먹는 생 망고를 특히 좋아한다. 그는 망고의 계절이 다가오면 설렘을 주체하지 못하고 연간장, 백간장, 흑간장, 진간장, 생선찜 간장, 생선회 간장까지 별의별 간장을 다 구비해 놓는다. 세상에, 망고 하나를 그렇게 복잡하게 먹는 사람을 나는 처음 보았다.

망고가 덜 익었을 때는 청망고, 흙망고를 절이듯 간장에 푹 담그거나 죽에 곁들여서 먹었다. 망고를 먹으면서 미세하게 떨리는 그의 눈 근육과 입을 보고 있으면, 내가 다 짜고 실 지경이다. 애플망고, 금황(金煌) 망고, 옥문(玉文) 망고처럼 달콤한 망고까지도 그는 편으로 썰어 마치 생선회를 먹듯 일본간장에 찍어 술과 같이 먹는다.

그냥 먹어도 충분히 달콤하고 맛있는 과일을, 대체 왜 간장에 찍어 먹는 것일까? 그는 하이든 망고, 서시(西施, 춘추시대 말기 월나라 미녀의 이름) 망고, 케이트(keitt) 망고도 편 썰어 마늘간장에 적셔 먹는다. 아니, 자세히 보니 아보카도 마늘간장 같기도 하다.

아무튼 이런 음식은 나와는 평생 인연이 없을 듯하다. 불심 깊은 신자이기도 한 그는 나에게도 간장에 찍어 먹는 망고를 추천하면서, 어떤 품종의 망고에 어떤 종류의 간장이 어울리는지까지 세세하게 설명해주었다. 친구에 비하면 불심이 종잇장처럼 얇은 나는 친구의 간장 망고 포교에 교화가 되기는커녕 듣고 있기조차 싫었다. 그런데 몇 년 후, 한 유명 레스토랑에서 '삭힌 두부장에 찍어 먹는 케이트 망고'라는 사이드 메뉴를 내놓았다는 말을 듣게 되었다. 그 순간 나는 친구의 간장 망고가 생각나는 동시에, 내 미각의 견식은 숙명적으로 얇을 수밖에 없음을 절감했다. 그 어떤 유명 셰프가 최상의 솜씨를 발휘했다 해도, 나는 그놈의 간장 망고가 도저히 먹기가 싫다. 귀한 식복 하나를 잃은 걸까?

아아, 나는 간장 망고를 먹지 않으면 죽을 수밖에 없는 상황이라 해도, 도저히 먹기가 싫다….
이렇게까지 이번 생에 인연이 없는 것도 하늘이 나에게 안배한 운명이겠지.

그런가 하면, 다른 쪽에는 내가 만든 스무디 볼이 먹기 싫다는 친구도 있다. 그 역시 죽으면 죽었지 절대로 자기 입에는 넣고 싶지 않다고까지 말한다. 그가 한사코 스무디 볼을 거부하는 이유는 끈적이는 요거트 아래에 바나나와 대추장이 잠겨 있는 꼴을 못 보겠어서, 라는 것이었다. 더욱이, 내가 요거트에 다진 생강이나 구기자까지 넣는 걸 보고 나서는, 온몸에 괴기스러운 소름이 돋아 견딜 수 없었다고도 했다. 이 친구는 그리스식 오이 요거트 소스도 먹지 못하고, 마늘과 향신료를 넣은 소금 요거트는 아예 쳐다도 보기 싫어한다. 급기야 "어떻게 요거트가 짤 수가 있어?"라고 외치던 친구의 얼굴은 혐오에 찬 울상을 짓고 있었다.

어릴 적에 이웃 사람들은 내가 치즈를 먹을 때마다 "다시 태어나도 난 저런 건 못 먹겠다"며 코를 틀어쥐곤 했다. 그들에게는 치즈가 다음 생애까지 '인연 없음'을 기약하고 싶은 맛이었던 것이다. 사실 나도 모든 치즈의 맛을 다 좋아하는 건 아니었다. 그중에서도 질감이 부드러운 편에 속하는 블루치즈(blue cheese, 푸른곰팡이에 의해 숙성되는 반경질 치즈)엔 지금껏 제대로 손이 가본 적이 없다. 대학 시절에는 "내 평생 다시는 블루치즈 같은 건 먹지 않을 거야"라고 선언하기도 했다. 그런데 몇 년이 흐른 지금, 경질 블루치즈는 우리집 식탁에 가끔 오르고 있다.

그러므로 '평생'을 건 '단언' 같은 건 되도록 하지 않는 것이 좋겠다. 평생은커녕 불과 몇 년 사이에도 사람이 어떻게 바뀔지는 알 수 없는 법이니 말이다. 고작 치즈 하나에 '평생'씩이나 걸고 "다시는 먹지 않겠다"고까지 외친 것은 아무리 생각해도 너무 순진한 객기였다.

이번 생에는 없는 인연

사과 · 망고 · 바나나

1인분 레시피

베이스
냉동 바나나 반 개
냉동 사과 1/4개
케이트 망고 반 개
무가당 요거트 3T

토핑
망고(잘게 큐브로 썰어서)
패션프루트(Passion Fruit, 브라질 원산의 작고 동그란 열대 과일)
믹스 견과
코코넛 채
치아씨드
만수국 잎(다른 녹색 잎으로 대체하거나 생략 가능)

만드는 법
1. 베이스 재료를 믹서에 넣고 부드럽게 갈아 볼에 평평하게 담는다.
2. 넓게 뿌린 치아씨드 위에 믹스 견과를 올리고, 패션프루트를 뿌린다.
3. 작게 큐브로 썬 망고를 원하는 위치에 원하는 방식으로 얹고 코코넛 채를 뿌린 뒤,
   만수국 잎으로 장식한다.

Tips
• 과일은 냉동시키기 전에 깨끗이 씻어 껍질을 벗긴 뒤 믹서에 갈릴 만한
  크기로 적당히 자르고, 한 번 쓸 양만큼 소분해서 냉동시키는 것이 좋다.
  얼린 다음에 사용하려면 껍질을 벗기기가 어렵다.
• 냉동 과일이 믹서 안에서 서로 붙어 잘 갈리지 않는다면,
  약간의 액체류를 넣고 다시 갈면 된다.
• 케이트 망고는 다른 품종의 망고로 대체할 수 있다.

귤 초콜릿

금귤 · 초콜릿 · 바나나

어린 시절에도 나는 초콜릿 따위에 무너지는 마음 약한 아이가 아니었다. 선생님이나 친구들이 나에게 초콜릿을 내밀며 "저거 해주면 이거 줄게"라고 수없이 유혹했지만, 나는 꿈쩍도 하지 않았다. 그러나 매콤한 돼지 꼬치구이라면 이야기가 달라졌다. 나는 즉각 열의를 보이며 진지하게 협상에 임했다.

어린 시절의 나는 달콤쌉싸름한, 나아가 시큼하기까지 한 초콜릿의 맛이 무엇인지 제대로 경험해본 적이 없다. 당시의 초콜릿은 대부분 설탕과 우유가 잔뜩 들어가 달고 느끼한 것들뿐이었기 때문이다. 나는 우유도 좋아하고 설탕도 좋아했지만, 그 두 가지가 잔뜩 들어간 초콜릿에는 조금도 끌리지 않았다. 당시엔 거의 모든 제과업체들이 '맛의 담합'이라도 한 듯 달디단 밀크 초콜릿만 생산하고 있었기 때문에 초콜릿에 대한 나의 오해는 그후로도 꽤 오래 지속되었다. 미각의 '각성'에 관해서라면, 나이를 먹는 것만큼 효과가 확실한 것도 없다. 이 세상에는 반드시 일정 세월을 거쳐야만 이해하고 음미할 수 있는 종류의 맛이 있다. 그 맛은, 얼마간의 인생풍파를 겪고 난 뒤의 깨달음과 관련되어 있기 때문이다.

내가 '귤 초콜릿'이란 걸 처음 맛본 건 대학 시절 어느 날이었다. 그 신묘한 맛을 먼저 영접한 친구들이 나에게 열렬히 '포교'활동을 전개한 결과였다. 눈을 반쯤 감은 채 감미로운 미소를 머금고 있던 친구의 얼굴은 이 세상에서 가장 황홀해 보였다. 아아, 저런 표정을 짓게 만드는 초콜릿은 대체 어떤 맛일까… 나는 한없이 궁금해졌다.

그렇게 해서 먹어본 귤 초콜릿의 맛은 세상에, 상상 이상이었다! 달기만 한 것이 아니라 감귤류 과일 특유의 시큼함까지 생생하게 간직하고 있었다. 쌉싸름한 초콜릿을 꿀에 절인 것 같기도 한 그 맛은 진하면서도 깔끔했다. 대학 시절, 감미로운 미소를 짓고 있던 친구에게서 처음 건네받아 먹어본 귤 초콜릿은 마치 인생 자체의 맛처럼 진한 쌉쓸함에 강한 시트러스 향을 품고 있었다.

나이를 먹으면서 겪게 되는 인생의 우여곡절은 그 사람을 그 전까지의 익숙한 맛에만 머무르게 하지 않는다. 그러니 '이번 생에는 나와 인연이 없다'고 믿어온 그 어떤 맛이라도, 참된 계기만 만난다면 그 순간 바로 내 생애 '최애'의 맛이 될 수 있다. 나에게 귤 초콜릿의 참맛을 처음 알게 해주었던 그 친구도 나에게 온 운명의 전령사는 아니었을까? 그날의 귤 초콜릿은 나에게 '쓴 맛'도 황홀할 수 있다는 사실을 처음 알게 해주었다. 그러나 요리는 그런 것과는 또 다른 차원의 경험이다. 자세히 이야기하자면 굉장히 길다.

아무튼 오렌지 초콜릿이든 귤 초콜릿이든, 내가 좋아하는 것은 결국 초콜릿의 맛이다. 약간의 당분이 첨가된 쌉싸름한 초콜릿에, 과일주의 발효가 더해진 듯한 시큼한 감귤류 향. 단맛 사이로 뻗어 나오는 한 줄기 깊은 쌉쌀함에 매료되고 나면, 단순히 시거나 달기만 한 맛에는 절대 만족할 수가 없다. 그런 맛에는 아무런 반전이나 역설도, 매력도 존재하지 않기 때문이다.

늦가을 시장에 나온 귤들은 아직 껍질이 파랗다. 그러나 단면을 가르면 둥근 차바퀴 모양의 노란 과육을 볼 수 있다. 요거트에도 다크 초콜릿 가루를 첨가하면 맛이 더욱 중후해지는 것을 느낄 수 있다. 산전수전 겪어가며 나이를 먹은 '어른'의 맛이 들어갔기 때문이다. 그런 의미에서, 귤 초콜릿 스무디 볼은 '어른' 한정판이다.

귤 초콜릿

금귤 · 초콜릿 · 바나나

1인분 레시피

베이스
냉동 바나나 반 개
금귤 1개 분량의 즙
무가당 요거트 3T
다크 초콜릿 가루 적당량

토핑
귤(껍질을 벗기고 가로로 3등분한)
금귤(반으로 가른)
블루베리
건블루베리
치아씨드
민트 잎(다른 녹색 잎으로 대체하거나 생략 가능)

만드는 법
1. 베이스 재료를 믹서에 넣고 부드럽게 갈아 볼에 평평하게 담는다.
2. 표면에 고르게 치아씨드를 뿌리고, 블루베리와 금귤을 드문드문 얹는다.
3. 가로로 3등분한 귤을 가장 윗면 중앙에 얹고, 곳곳에 건블루베리를 얹은 뒤 민트 잎으로 장식.

Tips
- 과일은 냉동시키기 전에 깨끗이 씻어 껍질을 벗긴 뒤 믹서에 갈릴 만한
  크기로 적당히 자르고, 한 번 쓸 양만큼 소분해서 냉동시키는 것이 좋다.
  얼린 다음에 사용하려면 껍질을 벗기기가 어렵다.
- 냉동 과일이 믹서 안에서 서로 붙어 잘 갈리지 않는다면,
  약간의 액체류를 넣고 다시 갈면 된다.

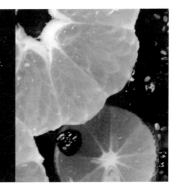

35℃ 햇빛의 낭만

용과 · 바나나

용과에 대한 나의 첫 인상은 순전히 오해의 점철이었다. 고등학교 여름방학이 시작된 첫 날, 나는 학교 기숙사에서 짐을 꾸리고 고향으로 가는 광역버스에 몸을 실었다. 정류장에서 내려 논밭을 가로질러 가는데, 길에 늘어서 있던 붉은 벽돌 담장 위로 구불구불 기어오른 듯 자란 선인장이 보였다. 처음에는 우담바라인가, 생각했다. 그런데… 우담바라가 낮에도 피는 꽃이었던가?

알고 보니, 그것은 선인장도 우담바라도 아닌 태양의 선물, 용과였다. 적육종 용과의 붉은 과육과 껍질은 화염이 일렁이는 태양을 닮았다. 35℃라는 높은 기온 아래서도 태양에 지지 않겠다는 듯 붉게 타오르는 과일. 그러나 열매를 맺기 전의 용과는 조용히 순백의 꽃을 피우는 참한 식물이기도 하다. 작열과 고요를 겸비하고 있는 오묘한 과일, 용과.

적육종 용과를 먹을 때면 나는 늘 왠지 모르게 연지분 향 같은 것이 났다. 그런데 내 말을 들은 친구는 "아니, 난 단향(檀香)이 나던데?"라고 말했다.

용과 향이 이렇게 사람마다 다르게 느껴지는 데는 여러 가지 이유가 있지만, 이 글에서는 자세히 언급하지 않겠다. 용과는 워낙 생김새가 강렬해서인지, 막상 입 안에 넣고 나면 시원함과 달콤함이 일종의 반전처럼 느껴진다. 용과의 선연한 붉은 빛도 보는 사람에게 생기를 북돋워준다. 세상에, 이렇게 예쁜 색을 보면서도 화가 나는 사람이 있을까?

한번은 대만의 타이둥(臺東) 지역을 여행하다 들른 어느 음식점에서 미니 아티초크처럼 생긴 식물을 조식으로 먹게 된 적이 있다. 바삭한 듯 부드러운 식감이 굉장히 마음에 들었다. 종업원에게 이게 뭐냐고 물으니, 용과의 꽃턱잎이라고 했다. 용과의 꽃턱잎에서 이렇게 시원한 맛이 나다니! 놀라웠다. 용과는 이렇게 매번 나에게 놀라움을 안겨주는 과일이었다. 그 생김새는 물론 만남이 이루어지는 과정까지도.

용과의 멋진 붉은 색은 오랫동안 신선하게 유지되는 편이다. 바나나에 요거트를 섞은 베이스도 용과를 먹을 때의 식감을 한층 부드럽게 만들어준다.

마침 과일이 제철이어서 신선한 복분자와 블랙베리, 용과를 잔뜩 사가지고 왔다. 검붉은 두 베리류 사이에서 밝은 선홍색을 뽐내는 용과는 자못 어엿하기까지 했다.

내가 살고 있는 산자락에서는 강한 산바람이 불어올 때마다 서늘하다 못해 처연하기까지 한 기운이 같이 실려 온다. 붉은 용과가 들어간 스무디 볼을 들고 창가에 앉아 있으면, 신선한 베리류 특유의 시큼한 향기가 기운을 청신하게 북돋워준다. 색을 맞추기 위해 올린 만수국 잎에서는 거친 풀맛 사이로 은은한 단 맛이 감돈다.

짙붉은 용과에 시큼한 베리류 과일을 곁들인 스무디 볼은 태양과 견주어도 좋을 아름다움도 소유하고 있다. 이 매혹적인 아름다움은 보는 사람을 묘하게 차분하게도 만들어준다. 그러는 사이, 태양은 섭씨 35도에 이르는 열기를 세차게도 뿜어내고 있다.

35℃ 햇빛의 낭만

용과 · 바나나

1인분 레시피

베이스
작은 크기의 냉동 용과 반 개
냉동 바나나 반 개
일반 바나나 반 개
무가당 요거트 3T

토핑
복분자
블랙베리
코코넛 칩
치아씨드
만수국 잎(다른 녹색 잎으로 대체하거나 생략 가능)

만드는 법
1. 베이스 재료를 믹서에 넣고 부드럽게 갈아 볼에 평평하게 담는다.
2. 볼의 윗면에 골고루 치아씨드를 뿌리고, 원하는 대로 자유롭게 복분자와 블랙베리를
   올린다.
3. 마지막으로 치아씨드와 코코넛 칩을 뿌리고, 만수국 잎으로 장식한다.

Tips

• 적당한 식감을 위해 베이스 재료는 너무 곱게 갈지 않아도 된다.
• 베이스에 일반 바나나 반 개를 넣으면 단 맛을 좀 더 높일 수 있다.
• 토핑의 장식성에는 너무 연연하지 않는 것이 좋다. 소박할수록 오히려
  독특한 미감을 자아낸다. 그래도 뭔가 부족하다고 느껴진다면,
  그 상태에서 코코넛 채를 좀 더 뿌리거나 약간의 잎 장식을 더하면 된다.
• 과일은 냉동시키기 전에 깨끗이 씻어 껍질을 벗긴 뒤 믹서에 갈릴 만한
  크기로 적당히 자르고, 한 번 쓸 양만큼 소분해서 냉동시키는 것이 좋다.
  얼린 다음에 사용하려면 껍질을 벗기기가 어렵다.
• 냉동 과일이 믹서 안에서 서로 붙어 잘 갈리지 않는다면,
  약간의 액체류를 넣고 다시 갈면 된다.

습관

사과 · 말차 · 바나나

지금의 우리를 만든 것도 습관이고 우리를 보호해주는 것도 습관이다. 그리고 때로는 우리를 곤경에 처하게 하는 것도 습관이다.

나는 가을 유자가 수중에 들어오면 단단한 겉껍질은 물론 안의 하얀 막까지 벗겨 과육만 통째로 입에 넣는 것을 좋아한다. 아주 중독성 있는 맛이다. 때로는 약간의 요거트와 함께 과육을 입에 넣기도 한다. 상쾌한 유자 과즙이 입 안에서 탁 터지는 순간, 온 심신이 깊은 만족감으로 채워진다. 유자를 두고 '과일계의 캐비어'라고 말하는 사람도 있던데, 딱 그런 느낌이다. 사과에 요거트, 말차 가루를 넣고 믹서에 갈려는 찰나, 바구니에 담겨 있는 유자가 눈에 띄었다. '아, 나도 이참에 습관에서 한번쯤 벗어나 볼까.'

먹는 것과 관련된 습관은 대개 별다른 근거 없이 우리의 삶과 의식에 깊숙이 자리 잡고 있다. 나의 어머니는 한때 새로운 요리 기술에 푹 빠져 이것저것 시도해보곤 하셨다. 그중 어머니가 가장 좋아하고 자신 있어 했던 것은 파인애플을 부채꼴로 잘라, 소금도 찍지 않고 그대로 밥상에 올리는 것이었다. 내가 한창 사차우육(沙茶牛肉, 간장, 마늘, 샬롯, 고추, 건새우, 가자미 등을 넣어 만든 사차 소스에 공심채, 소고기를 넣어 볶은 음식-역주)을 먹고 있을 때 어머니는 몇 번이나 그 파인애플을 집어서 맨밥에 얹어 드셨다. 나는 어머니가 파인애플을 굉장히 좋아해서 그런 줄 알았는데, 어머니는 사실 밥과 함께 먹을 때가 아니면 파인애플을 거의 드시지 않았다.

나중에 들어 보니, 파인애플을 밥과 함께 먹는 것은 어머니가 어린 시절을 보냈던 핑둥(屛東) 지역의 습관이자, 어머니와 같은 커자(客家)족의 습관이라고 한다. 그런데 나는 커자 음식 전문점에서 한번도 밥과 함께 먹는 파인애플을 본 적이 없다. 그냥 어머니의 말이 그러할 뿐이다. 밥과 함께 파인애플을 먹는 어머니의 표정은 추억 속 풍경을 음미하기라도 하듯 아련함과 만족감에 차 있다.

밥과 함께 먹는 생파인애플은 일본 음식에서의 새콤달콤한 단무지나 아사즈케(浅漬け, 오이, 무, 가지 등을 조미액에 단시간 담근 절임 채소)와 같은 역할을 하는 게 아닐까 짐작해볼 뿐이다. 물론 절임 채소에는 생파인애플과 달리 약간의 간이 가미되어 있지만 말이다. 지난 몇 년 사이에 큰 관심을 모으고 있는 비건 볼(vegan bowl)도 아무런 간을 하지 않은 채소와 과일을 다양한 곡물과 함께 하나의 그릇에 담아내는 형태의 음식이다. 그동안 나는 파인애플을 밥과 함께 먹는 어머니 모습을 여러 번 보아왔음에도 순전히 나의 취향과 습관 때문에 파인애플 밥도 일종의 비건 볼일 수 있다는 생각은 하지 못하고 있었다.

비건 볼과 스무디 볼은 하나의 그릇에 '요리의 모든 의상'을 입혀낸다는 공통점이 있다. 과일의 과육, 색감, 채소의 무늬를 있는 그대로 드러낼 뿐 아니라, 굽거나 찌는 정도로만 혹은 그마저 하지 않을 정도로 조리 과정을 최소화함으로써 재료 본연의 맛이 자연스럽게 어우러지도록 하는 것도 공통점이다. 그 외에는 따로 넣는 조미료도 없다. 그리고 보니, 어머니의 '파인애플+밥'도 딱 그러하지 않은가.

맨밥에 파인애플 하나만 달랑 얹어 먹자니 내 입맛에는 조금 심심하다. 그렇다면 약간 변화를 줘도 좋을 것 같다. 가지, 호박, 생채소 잎, 레몬즙, 파마산 치즈 가루를 넣고 핵과와 건포도를 조금 넣으니, 내 입맛에도 아주 그만이다.

스무디 볼을 만들어온 시간이 길어질수록 식재료의 맛을 조합하는 방식도 몇 가지 습관으로 단조로워지는 것을 느낀다. 본래 요리라는 것은 수중의 재료들이 만들어내는 여러 종류의 맛에 최소한의 가미만 할 때 가장 이상적인 맛이 만들어질 가능성이 높다.

대만의 조식문화는 한때 캔 샐러드, 캔 오트밀 같은 유행을 거쳐 지금의 '볼 시대'까지 왔다. 접시에서 캔으로, 다시 볼이라는 그릇으로 되돌아온 셈이다. 음식을 다루는 새로운 방식은 습관의 범위를 넓히고, 미각의 경험과 취향도 더욱 다채롭게 만들어준다.

요거트에 유자를 얹으니 산뜻함이야 나무랄 데가 없지만, 단 맛은 조금 부족하게 느껴진다. 그럴 때는 꼭 시럽이나 꿀이 아니어도, 배나 사과를 첨가하면 단 맛이 한층 높아진다. 시도해보지 않으면 영원히 알 수 없는 법이다. 유자와 사과가 어우러질 때 얼마나 우아한 풍미의 단맛이 만들어지는지!

습관

사과 · 말차 · 바나나

1인분 레시피

베이스
냉동 바나나 반 개
냉동 사과 1/4개
무가당 요거트 3T
말차 가루 적당량

토핑
유자(겉껍질과 하얀 막을 모두 벗긴 과육으로만)
곡물 시리얼 그래놀라
건블루베리
코코넛 채
만수국 잎(다른 초록 잎으로 대체하거나 생략 가능)

만드는 법
1. 베이스 재료를 믹서에 넣고 부드럽게 갈아 볼에 평평하게 담는다.
2. 볼에 그래놀라를 충분히 담고, 유자 과육을 엇갈리게 얹는다.
3. 그 위에 약간의 그래놀라를 뿌린 다음, 사이사이의 틈을 만수국 잎으로 장식한다.

Tips
- 말차 가루가 들어가는 데다 섬유소도 매우 풍부한 스무디이다.
  섬유소와 말차 가루에 민감한 체질이라면, 곡물인 그래놀라를 듬뿍
  넣어야만 다량의 섬유소가 만들어내는 공복감에 시달리지 않을 수 있다.

- 첨가하는 곡물로 그래놀라를 택한 것은 씹는 식감 때문.

- 과일은 냉동시키기 전에 깨끗이 씻어 껍질을 벗긴 뒤 믹서에 갈릴 만한
  크기로 적당히 자르고, 한 번 쓸 양만큼 소분해서 냉동시키는 것이 좋다.
  얼린 다음에 사용하려면 껍질을 벗기기가 어렵다.

- 냉동 과일이 믹서 안에서 서로 붙어 잘 갈리지 않는다면,
  약간의 액체류를 넣고 다시 갈면 된다.

생일 케이크

딸기 · 크랜베리 · 바나나 · 더우장

무슨 이유에선지 어린 시절의 나는 생일 케이크는 반드시 딸기 케이크여야 한다는 생각을 하고 있었다. 넓고 둥근 순백의 크림 위에 새빨간 딸기를 올리고 눈가루 같은 슈거 파우더를 뿌린 '하얀 눈 위의 붉은 딸기'는, 세상에 널리고 널린 정체불명의 딸기 케이크들이 절대 흉내 낼 수 없는 것이었다.

물론 이것은 어디까지나 딸기에 대한 한 소녀의 애정 내지 집착에 지나지 않는다. 아마 세상의 모든 유행이 그러하듯, 생일 케이크 역시 지금도 어딘가에서 끊임없이 새로운 모습으로 바뀌고 있을 것이다. 사실 나는 케이크나 크림 같은 것엔 별반 관심이 없었다. 눈처럼 하얀 케이크 위에 수북이 올려진 딸기의 강렬한 붉은 색과 새콤달콤한 맛이 초미의 관심사였을 뿐.

그러나 뭔가에 집착할수록 그것을 잃기 쉬워지는 것이 세상 이치인 것일까. 내가 어린 시절 경험한 이런저런 '딸기맛'은 한 마디로 실망 그 자체였다. 동네의 사찰 입구에서 팔던 솜사탕도 소위 '딸기맛'이었는데, 진짜 딸기의 시큼한 맛을 전혀 찾아볼 수가 없었다. 빵집에서 팔던 '딸기 무스'는 너무 끈적거렸고, 아이스크림 '딸기맛'은 너무 달기만 했다….

이런 나를 보더니 남편이 한 마디 한다.

"왜 그렇게 피곤하게 살아? 이 정도면 충분히 '딸기맛' 아냐?"

"아냐, 달라. 진짜 딸기의 아삭한 새콤달콤함은 영혼까지 행복해지는 맛이라구!"

딸기의 매력에 사로잡혀 있던 어린 시절의 나 역시 이렇게 대답하고 싶었을 것이다.

특정 품종의 딸기를 좋아하는 매니아들 역시 마찬가지. 그들에게는 그냥 그 딸기가 좋다는 것 외에 다른 아무런 이유도 없다. 그러다가 매년 겨울이 되어 시장에 갈 때면 달콤한 설렘과 기대, 주체할 수 없는 흥분이 밀려드는 것이다. 동북부에서 계절풍이 불어오기 시작하는 그 계절은, 긴긴 여름과 가을 내내 대만 각지에서 자란 딸기들이 빨갛게 익어 시장에 나오는 시기이기 때문.

딸기는 스무디 볼을 만들 때도 행복감을 주는 과일이다. 요거트에 딸기를 한 움큼 넣고, 비교적 추운 지역에서 자란 크랜베리도 넣어 믹서에 갈고, 볼의 바닥에 잘게 썬 딸기를 깐 뒤 베이스를 붓는다. 베이스 위에는 견과류와 건과일을 올리고, 잘게 썬 딸기도 잔뜩 올린다. 토핑으로 잘게 부순 다크 초콜릿 조각도 얹으면, 성숙하면서도 매력적인 쌉쌀한 맛이 더해진다. 붉은 색 꽃잎을 따서 볼의 사면을 장식하면, 어디에선가 바람을 타고 날아든 꽃잎이 케이크 위에 살포시 앉은 듯한 느낌이 난다.

그야말로 안에서부터 밖까지 딸기에 푹 잠기는 행복감이다. 잠기운을 떨치고 활기차게 하루를 시작해야 하는 아침, 딸기의 달콤시큼한 맛은 미각과 영혼을 흔들어 깨우기에 충분하다. 스무디 볼은 원래 케이크가 아닌 아침 식사이지만, 오늘만은 이 스무디 볼을 어린 시절의 나에게 생일 케이크로 선물하고 싶어진다.

붉은 색 베리류 과일은 흔히 '신이 내린 열매'로 일컬어진다. 각종 항염 · 항산화 성분이 풍부하기 때문이다. 사람들은 과일에 대해 영양성분을 운운하지만, 나는 베리류 과일의 '얼굴값'도 제대로 따져볼 필요가 있다고 말하고 싶다. 이 세상에 붉은 색 계열의 베리류 과일만큼 사랑스럽게 생긴 과일이 또 있을까?

대만은 북반구에 위치한 나라지만, 더운 기후 탓에 베리류 생산이 풍부한 편은 아니다. 다행히 매년 여름이 끝나갈 즈음이면 다른 북반구 지역에서 딸기가 풍부하게 수확된다. 딸기만은 현지에서 생산된 것을 먹어야 한다고 주장하는 사람도 있지만, 이렇게 예쁘고 영양도 풍부한 과일에게는 타 지역에서 자란 동족 친구들도 만날 겸 1년에 한번씩 대만에서 열리는 성대한 수확 축제 한마당에 꼭 초대하고 싶다.

수확의 기쁨은 1년에 단 한번 누리는 귀한 기회이지 않은가.

생일 케이크

딸기 · 크랜베리 · 바나나 · 더우장

1인분 레시피

베이스
딸기 큰 것으로 5알
크랜베리 5알
냉동 바나나 반 개
무가당 요거트 3T
더우장 적당량

토핑
딸기(잘게 썰어서)
믹스 견과
잘게 부순 다크 초콜릿 조각
붉은 제라늄 꽃잎(다른 꽃잎으로 대체하거나 생략 가능)
파슬리(다른 종류의 잎으로 대체하거나 생략 가능)

만드는 법
1. 베이스 재료를 믹서에 넣고 부드럽게 갈아 볼에 평평하게 담는다.
2. 먼저 볼 중앙에 잘게 썬 딸기를 올리고, 그 다음부터 순서대로 견과류와 잘게 썬 딸기,
   다크 초콜릿 조각을 뿌린다.
3. 마지막으로 붉은 제라늄 꽃잎과 파슬리 잎으로 볼 전체를 장식한다.

Tips

• 냉동 베리류 과일을 사용한다면, 믹서에 더우장을 조금 첨가하는
  것이 좋다.
• 딸기의 알이 작다면 10개까지도 넣을 수 있다. 잘게 썬 신선한 딸기를
  볼의 바닥에 깐 다음 베이스를 부어 섞으면 식감이 훨씬 좋아진다.
• 과일은 냉동시키기 전에 깨끗이 씻어 껍질을 벗긴 뒤 믹서에 갈릴 만한
  크기로 적당히 자르고, 한 번 쓸 양만큼 소분해서 냉동시키는 것이 좋다.
  얼린 다음에 사용하려면 껍질을 벗기기가 어렵다.
• 냉동 과일이 믹서 안에서 서로 붙어 잘 갈리지 않는다면,
  약간의 액체류를 넣고 다시 갈면 된다.

색의 향연

스피루리나 분말

하얗기만 한 탕위안(湯圓, 찹쌀 경단을 넣은 탕으로, 주로 음력 정월대보름인 원소절(元宵節)에 먹는다-역주)이나 새하얀 빠오즈(包子, 소를 넣은 찐빵), 새하얀 토스트를 보고 있으면 왠지 모르게 서늘하고 지루한 느낌이 든다. 후궁에게 밀려 냉궁에만 갇혀 지낸 정실황후의 창백한 안색 같달까. 어쩔 수 없다. 지난 몇 년 사이에 무지개 탕위안, 무지개 토스트, 무지개 빠오즈 같은 것들이 잔뜩 쏟아져 나왔기 때문이다. 내가 자주 들어가는 요리 커뮤니티에 올라온 사진들을 보니, '무지개'라는 말로도 부족할 만큼 현란하기 그지없다.

한때는 저렇게 화려하기만 한 음식에는 반감부터 들었다. 인공 색소가 몸에 좋지 않다는 말을 너무 많이 들은 탓이었다. 그런 시절이 불과 몇 년 전이었는데, 상전벽해도 이런 상전벽해가 없다. 지난 몇 년 사이 다양한 천연 색소가 개발되면서 음식도 단숨에 화려해졌다. 과거의 하얗고 단조롭기만 했던 음식에서는 소박함과 순결함, 나아가 냉정과 절제를 갖춘 수도자의 풍모까지도 느껴졌는데.

나는 컬러풀한 탕위안도 좋고 컬러풀한 스무디도 좋다. 끓인 녹차나 순백의 더우장, 홍갈색 보이차에 오색 탕위안을 담아 본다. 물이 끓어오르면서 각양각색의 새알심이 어지럽게 움직이는 것을 보고 있으면 동심으로 돌아간 기분이다. 얼마 전에는 여러 가지 색의 크림을 입힌 빵과 여러 가지 색이 층을 이룬 스무디를 행복하게 구경할 일이 있었다. 그날 나는 내가 그렇게 깊이 색에 매료되는 사람인지 처음 알았다.

색상표의 매력을 처음 느낀 것은 주톈원(朱天文)의 소설 《세기말의 화려(世紀末的華麗)》에서였다. 패션업계를 다룬 그 소설에서는 옷감의 색을 하나하나 섬세하게 묘사하는 부분이 유독 많았다. 책에 묘사된 것은 옷감의 색이었지만, 나에게 느껴진 것은 한 통 한 통의 안료를 쏟아 부을 때마다 만들어지는 화려한 색의 다채로움 그 자체였다. 현란하다기보다도, 감탄스러웠다. 색은 매혹이었다. 색의 이름도, 색이 그려내는 풍경도 그러하다. 한낮의 바다 물결 같은, 새벽 하늘 같은 짙은 남색, 융단 카펫 같은 붉은 색, 신비로운 흑색, 유혹적인 자색….

음식의 색소도 본래는 배를 채우기 위한 것이었을지 모르나, 이제는 오감에 더하여 환상까지 채워주는 역할을 하고 있다.

지금은 나 역시 원하는 색 조합을 위해서만이 아니라 건강을 위해서도 음식의 색을 고려하고 있다. 색이 선명한 채소·과일일수록 독특한 영양성분을 함유하고 있다고 하지 않던가. 이전에는 크게 중요하게 생각하지 않았던 부분이다.

동방에는 전통적으로 '오행(五行)의 색'이 있어 왔다. 한국의 '청·황·적·백·흑'은 각각 우주의 방위와 신 맛, 짠 맛, 매운 맛, 단 맛, 쓴 맛을 상징한다. 일본 음식에서의 색도 크게 다르지 않다. 다만 일본에서는 색의 상징이나 의미보다 색조 자체를 더욱 중시하는 면이 있다. 한편, 중국에서는 오행, 오색이 각각 심장, 간, 비장, 폐, 신장을 주관한다고 설명한다.

그러나 지금 우리가 먹는 음식의 색깔은 색에 대한 전통의 인식 범위를 한참 넘어 서 있다. 그러므로 혹시 모를 일이다. 내가 지금 만들고 있는 청색 스무디도, 수백 년 전 사람들이 본다면 독약이라고 생각할지도!

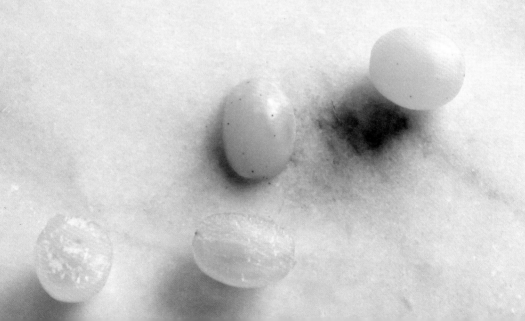

색의 향연

스피루리나 분말

1인분 레시피

베이스
무가당 요거트 4T
스피루리나 분말 적당량

토핑
백육종 용과(큰 스쿱으로 떠서)
청포도
치아씨드
코코넛 칩
코코넛 채
곡물 시리얼 그래놀라

만드는 법
1. 베이스 재료를 믹서에 넣고 부드럽게 갈아 볼에 평평하게 담는다.
2. 볼의 윗면 절반에 치아씨드와 코코넛 칩을 뿌리고, 청포도(반 가른 것도 좋다)와
   용과볼을 올린다.
3. 그 주위로 곡물 시리얼 그래놀라와 코코넛 채를 뿌린다.

Tips
• 청색을 더욱 선명하게 내고 싶다면, 스피루리나 분말을 더우장이나
  우유에 풀어 하룻밤 그대로 두면 된다.

아보카도의 맛

아보카도 · 키위 · 사과 · 귀리 우유 · 민트 잎

아보카도에 대한 나의 첫인상은 '촌스럽다'는 것이었다. 나의 친척 중에 아보카도 나무 한 그루를 기르는 분이 계셨다. 매년 여름이면 친구들을 잔뜩 불러 모아 주렁주렁 열린 아보카도 열매를 따서 세로로 가르고 씨를 꺼낸 뒤 과육을 파내고 조각조각 잘랐다. 그리고는 그 녹황색 건두부 같은 아보카도를 마늘간장에 푹 푹 찍어먹었다. 맛을 본 친척 친구들은 하나 같이 "오, 참치 뱃살 같은데?"라며 고개를 끄덕였다. 글쎄, 내가 보기엔… 밭에서 일하던 일꾼들이 잠시 쉬면서 술과 함께 먹는 물고기 안주 같던데.

어린 시절의 나는 마늘 특유의 냄새 때문에 마늘간장도 싫어했다. 그렇다 보니, 매년 풍성하게 열리는 아보카도를 눈앞에 두고도 제대로 맛을 본 적이 없다. 하지만 뭔가를 놓쳤던 경험이 꼭 아쉬움으로만 남는 것은 아니다. 몇 년 전 나는 가족들과 제대로 된 아침식사를 공유하고 싶다는 생각에 부지런히 책도 찾아보고 인터넷 레시피도 수집하던 중, 구운 빵 혹은 하얀 밥 위에 올려 먹는 아보카도 사진을 보게 되었다. 사진 속의 위풍당당한 아보카도는 마치 과일계의 슈퍼스타 같았다.

이제는 밥상 하나에 대해서도 '생김새'를 따지는 시대가 되었다. 아보카도의 녹황색 과육에 하얀 치즈와 녹색 깻잎, 붉은 방울토마토를 얹으면 홍 · 백 · 녹 · 황이 한 데 어우러진 멋진 음식 이미지를 연출할 수 있다. 이런 스무디 볼이라면 나의 가족들에게는 물론 다른 사람들에게도, 아보카도의 매력에 눈을 뜨는 계기가 되지 않을까. 이렇게 간단한 방법으로 아보카도의 맛에 빠져들 수 있다면, 그 또한 크나큰 행운일 것이다. 사실 아보카도는 마늘간장에 찍어 먹지 않더라도 이미 시대를 앞서가고 있는 예쁘고 우아한 에피타이저다.

아보카도 자체의 맛은 담담하고 은은하지만, 특유의 부드러운 질감과 반질반질 윤기 덕에 그 매력이 더욱 증폭된다. 오히려 방울토마토의 신 맛과 치즈의 담백한 고소함, 깻잎의 쌉쌀한 풀 맛이 없어진다면, 아보카도 특유의 맛과 질감도 반감될지 모르겠다.

아보카도는 영양상으로도 매우 훌륭한 과일이다. 아보카도에 함유된 불포화 지방산은 특히 영양상으로 불균형해지기 쉬운 채식인들에게 좋은 영양공급 수단이 된다. 아보카도는 다른 어떤 식재료와도 잘 어울리는 하얀 도화지 같은 과일이다. 아보카도를 곁들이면, 훈제 연어나 생새우, 게살의 맛도 더욱 산뜻하고 풍부해진다. 일본 프린스 레스토랑(Prince Restaurant)의 한 셰프는 아보카도에 우유, 간장, 다시마, 시치미토가라시(七味唐辛子), 고춧가루, 후춧가루, 검은깨, 산초, 겨자, 대마씨, 진피 등 7가지 향신료를 배합하여 만든 조미료)를 섞은 홋카이도풍 크림 리조또를 내놓고 있다. 이렇듯 아보카도는 동양의 간장에서부터 서양의 치즈까지 포용하는 놀라운 관대함을 소유하고 있다.

요리를 하려고 보면 지켜야 할 규칙이 대단히 많을 것 같지만, 절대불변의 법칙이 있는 것은 아니다. 이런 재료는 이렇게만 써야 하고, 저런 요리는 저렇게만 해야 한다는 법이라도 있나? 스스로 맛을 보고 최상의 어울림이라고 판단한 조합이 있다면, 아보카도에는 바로 그것이 최상의 레시피다.

어제는 딱히 새로 장을 봐온 게 없다. 그래서 오늘은 일어나자마자 베란다에서 자라고 있는 민트 잎을 몇 개 뜯고, 냉동실에 있는 과일 몇 가지와 아보카도, 요거트로 스무디를 만들어보았다. 부드러운 식감이야 말할 것도 없고, 무엇보다도 요거트가 아보카도와 너무나 잘 어울린다. 여기에 더해진 민트의 청량감은 아침의 뇌를 깨우기에 충분한 자극이 된다.

아보카도의 맛

아보카도 · 키위 · 사과 · 귀리 우유 · 민트 잎

1인분 레시피

베이스
작은 크기의 아보카도 1개
키위 1/4개
사과 1/8개
민트 잎 작게 한 줌
무가당 요거트 3T
오트밀 1T

토핑
바나나(편으로 썰어서)
키위(편으로 썰어서)
건블루베리
코코넛 채
치아씨드
민트 잎(다른 녹색 잎으로 대체하거나 생략 가능)

만드는 법
1. 베이스 재료를 믹서에 넣고 부드럽게 갈아 볼에 평평하게 담는다.
2. 치아씨드를 볼 중앙에 길게 뿌리고 그 옆으로 코코넛 채도 길게 뿌린다.
3. 코코넛 채 옆으로 건블루베리, 키위 편, 바나나 편을 차례로 길게 얹는다.
4. 마지막으로 민트 잎 장식을 한다.

Tips
• 아보카도와 사과는 모두 변색되기 쉬운 과일이므로 신선도를 고려한다면 최대한 빨리 먹는 것이 좋다.
• 냉동 과일이 믹서 안에서 서로 붙어 잘 갈리지 않는다면, 약간의 액체류를 넣고 다시 갈면 된다.

국기에서 얻은 영감

파인애플 · 방울토마토 · 매실 가루

인살라타 카프레세(Insalata caprese, 모차렐라 치즈에 토마토, 바질, 올리브유를 곁들인 이탈리아식 샐러드)에 대해 찾아 보면 "이것은 이탈리아 국기의 색"이라는 설명이 빠지지 않는 것을 볼 수 있다. 혹자는 그것이 승리를 상징하는 색의 조합이라거나 지중해 색의 상징이라고도 한다. 치즈에 바질과 토마토가 들어가는 이 음식은 백 · 록 · 홍, 즉 눈부신 지중해의 햇빛만큼이나 강렬하고 선명한 색으로 이루어져 있다.

이 심플한 음식은 지중해 지역 주민들에게는 커다란 자랑이기도 하다. 지중해 지역에서 가장 풍부하게 생산되는 올리브유와 타오르는 태양을 닮은 과일인 토마토, 이른 아침부터 말렸을 꾸덕꾸덕한 치즈, 지중해 지역이라면 어디서나 볼 수 있는 생바질 잎으로 이루어진 요리이기 때문이다. 아시아로 치면, 대파와 간장이 들어간 두부냉채 같은 음식이랄까. 확실히 두부냉채에서는 여백의 여운과 절제된 식감 때문인지 동양적 선(禪)의 정취마저 느껴진다.

간단한 재료로 절대 간단치 않은 맛을 내는 인살라타 카프레세는 맛있고 보기에도 좋은 식탁을 어떻게 꾸밀 수 있는가에 대한 훌륭한 영감을 제공한다. 지금 가진 재료는 별 것 없지만 맛과 미감을 모두 포기할 수 없다면, 인살라타 카프레세를 참고해보라고 권하고 싶다.

가을과 겨울이 지나면, 대만의 방울토마토는 가장 맛있는 계절로 접어든다. 새콤달콤한 금황색, 주홍색, 초록색, 흑색의 방울토마토들이 따뜻한 태양빛을 받으며 무럭무럭 자라는 시기이기 때문이다. 일본의 한 토마토 전문점에서는 '토마토 보석상자'라는 기획상품을 판매한 적이 있다. 원형 오동나무 상자에 담긴 다양한 색깔과 크기의 토마토들은 휘황한 상점 조명 아래에서 정말 보석처럼 영롱하게 반짝인다.

토마토를 먹는 방법은 다양하다. 품종에 따라 각기 다른 방법으로 먹어보면 무한히 색다른 매력에 빠져들게 될 것이다. 예를 들어, 흑토마토는 대만 남부의 생강즙 간장과 굉장히 잘 어울린다. 나의 어머니가 특히 좋아하셨던 생강즙 간장은 시큼, 달큰, 짭짤하면서도 아주 약간 맵고 아린 맛이 있다.

일본에서 개발된 모모타로(桃太郎) 토마토 같은 큰 품종은 탕을 끓이거나 페이스트를 만드는 데 적합하다. 작지만 당도가 높은 캄파리(Campari) 토마토는 소금과 후추, 올리브유를 뿌린 뒤 오븐에 넣고 20분간 구우면 껍질이 살짝 터지듯 벌어진다. 여기에 바질 잎을 섞은 뒤입 안에 넣으면 톡 터지는 과즙에서 평생 잊을 수 없는 맛을 경험하게 될 것이다.

우리집 근처에 있는 토마토 전문점들은 인심도 좋다. 큰 토마토를 사건 작은 토마토를 사건, 모든 손님에게 매실 가루 2포씩을 준다. 아사즈케의 풍미를 가진 매실 가루를 크거나 작은 토마토에 뿌려 먹으면, 신선한 절임 채소를 먹을 때와 같은 시큼한 맛이 더해진다. 그러자 인근의 파인애플 전문점에서도 구매 고객들에게 매실 가루를 제공하기 시작했다. 이런 인심은 대만에만 존재하는 것 같다. 나는 아직 타 지역에서는 이런 종류의 서비스를 본 적이 없다.

스무디를 만들 때에는 냉동 파인애플을 쓰면 식감이 조금 더 묵직해진다. 여기에 토마토와 매실 가루를 첨가하면 '대만의 느낌'도 물씬 날 것이다.

그렇다면, 토핑은 어떻게 해야 보기에도 좋다고 소문이 날까? 바로 그때 인살라타 카프레세를 참고하면 좋다. 방울토마토를 세로로 반 가른 뒤 여기저기 바질 잎을 얹고, 마지막으로 하얀 요거트로 곳곳에 포인트를 주는 것이다.

그렇다, 이것은 찬란한 햇빛이 쏟아지는 대만 해협의 풍경이다.

국기에서 얻은 영감

파인애플 · 방울토마토 · 매실 가루

1인분 레시피

베이스
냉동 파인애플 1/8개
방울토마토 크게 한 줌
매실 가루 1포

토핑
방울토마토(세로로 반 갈라서)
바질 잎
무가당 요거트

만드는 법
1. 베이스 재료를 믹서에 넣고 부드럽게 갈아 볼에 평평하게 담는다.
2. 볼의 1/2을 반 가른 방울토마토로 채우고, 사이사이에 바질 잎을 꽂는다.
3. 티스푼으로 무가당 요거트를 떠서 방울토마토 위에 자유롭게 얹는다.

Tips

• 베이스 재료로는 냉동 과일, 비냉동 과일 중 원하는 것으로 아무거나 써도
  무방하다. 식감의 차이만 있을 뿐이다.
• 매실 가루는 대만의 일반 과일가게에서 증정하는 매실 가루의
  포장 용량만큼 넣으면 된다.
• 과일은 냉동시키기 전에 깨끗이 씻어 껍질을 벗긴 뒤 믹서에 갈릴 만한
  크기로 적당히 자르고, 한 번 쓸 양만큼 소분해서 냉동시키는 것이 좋다.
  얼린 다음에 사용하려면 껍질을 벗기기가 어렵다.
• 냉동 과일이 믹서 안에서 서로 붙어 잘 갈리지 않는다면, 약간의 액체류를
  넣고 다시 갈면 된다.

눈 속에 핀 꽃

레드 구아바 · 크랜베리 · 바나나

요리사는 그릇에 화원을 옮겨 놓고 싶어 하는 사람들일까.

봄에 간 어떤 음식점에서는 하얀 자기 그릇에 담긴 생선구이 위에 벚꽃 잎이 몇 개 뿌려져 있었다. 여름에 간 어떤 음식점에서는 검은색 장방형 도자기 그릇에 담긴 새우 요리에 진분홍 패랭이꽃이 장식되어 있었다. 가을에 간 어떤 카페에서는 티라미수 케이크 옆에 붉은 단풍잎이 당당히 한 자리를 차지하고 있었다. 한편, 겨울에 간 어떤 음식점에서는 호박탕 정중앙에 놓인 빨간 금련화 주위로 민트처럼 생긴 녹색 잎이 둥둥 떠다니고 있었다.

음식을 장식하고 있는 꽃잎은 보기에도 낭만적일 뿐 아니라 맛도 더해준다. 이제까지 내가 보아온 음식 가운데 가장 무제한의 꽃잎으로 장식되어 있었던 것은 바삭한 오리고기 껍데기가 자색 제비꽃으로 뒤덮인 베이징 카오야(烤鴨, 오리구이)였다. 오리고기의 바삭한 껍데기만으로도 침샘을 자극하고 심장을 뛰게 할 텐데, 왜 꽃잎까지 얹은 것일까? 더욱이 제비꽃 맛은 카오야의 그을린 향과 오리고기의 기름기, 첨면장(甛麵醬, 적갈색의 중국식 춘장)의 걸쭉한 단 맛, 대파의 알싸한 맛 아래에서 존재감 제로에 가깝지 않은가. 한 마디로, 그날의 베이징 카오야는 내가 먹어온 음식들 가운데 가장 꽃잎이 제 기능을 못 하고 있는 요리였다.

그렇게 보기에만 좋을 뿐 맛에는 아무런 기여도 하지 못했지만, 오리구이를 덮고 있던 여린 자색 제비꽃은 내 기억 속에 다른 그 무엇보다도 강렬한 인상을 남겼다. 이런 것이야말로 '색으로 마음을 사로잡는' 강력한 흡인력이 아닐지.

음식에 놓인 꽃잎과 풀잎은 자연스럽게 우리를 음식 너머의 상상으로 이끌고, 계절에 대한 감각도 상기시킨다. 미셸 브라(Michel Bras, 프랑스의 스타 셰프)의 프랑스 요리에는 언제나 어느 시골 마을의 들판을 거니는 듯한 '화원 샐러드'가 동반된다. 일본의 요네다 하지메(米田肇)라는 셰프는 직경 1미터의 원형접시에 꽃잎과 여러 식재료들을 쌓아올린, '지구'라는 주제의 샐러드를 선보인 바 있다. 먼 하늘에서 섬들과 숲을 내려다 본 한 폭의 조감도 같은 요리다.

셰프들의 가슴 속에는 접시와 볼에 옮겨 놓고만 싶은, 만개한 꽃 풍경이 있는 건 아닐까….
어린 시절 우리집 밥상에는 유채꽃이나 하얀 꽃양배추 외에 딱히 꽃이랄 만한 것이 올라와
본 적이 없다. 그나마 내가 음식에서 가장 자주 볼 수 있었던, 그러면서도 단 맛이 지배적이
었던 꽃이라고는 케이크의 윗면과 옆면을 장식하고 있던 '크림 꽃' 장식뿐이었다. 그러고 보
니, 십몇 년 전에 먹어본 바닐라 샐러드의 청상추 위에도 작은 보리지(Borage, '서양지치'라고
도 하는 허브 식물로 서양 요리의 샐러드에 자주 쓰인다-역주) 꽃잎이 담뿍 올려져 있었다. 당시만
해도 그런 게 흔한 일은 아니었기에 나는 잠시나마 꿈꾸는 듯한 기분에 빠져들었다. 그래서
어떤 소설가도 "경탄을 자아내는 행복감은 현실 생활에서 보기 드물다는 것이 그 본질"이라
고 말했나 보다. 나중에는 좀 더 자주 볼 수 있게 되더라도, 음식 위에 세심하게 올려진 그 꽃
잎들은 여전히 아름다울 것이다.
스무디 볼에서는 꽃잎의 맛도 제 역할을 톡톡히 한다. 특히 바닐라의 꽃과 잎은 은은한 향기
에 약간의 신 맛과 단 맛을 함유하고 있어, 스무디에 더할 나위 없이 잘 어울린다.
일본의 요리 예술가이자 도예가인 키타오지 로산진(北大路魯山人)도 "그릇은 요리의 의상"이
라고 말한 바 있다. 그러나 이것도 벌써 100여 년 전의 일이다. 지금은 그릇만이 아니라 식재
료까지도 사계절의 풍경 변화를 선보이는 의상 역할을 하고 있다.
가을이 깊어가는 지금, 속마음 붉게 익은 구아바가 소리 소문 없이 시장에 나와 있다. 이 과
일의 비취빛 껍질을 벗기는 순간, 꽁꽁 숨겨 두었던 붉은 속마음을 드러낸다. 편으로 썬 구아
바 과육을 꽃잎 삼아 볼 전체에 둥글게 배열하여 하나의 커다란 꽃으로 만든다. 구아바와 어
우러진 요거트의 맛도 무척 독특하다.
북방에는 벌써 눈이 내렸다고 한다. 그렇게 눈 덮인 산 속에서도 붉은 정열을 간직한 채 피어
나는 꽃이 있다. 나는 볼에 코코넛 채를 뿌리는 동안 차디찬 눈 속에서 흔들리며 피어났을 한
송이 동백을 상상해 보았다. 고요한 단심(丹心)의 개화, 오늘의 스무디 볼에 옮겨 놓고 싶은
화원 풍경이다.

눈 속에 핀 꽃

레드 구아바 · 크랜베리 · 바나나

1인분 레시피

베이스
냉동 바나나 반 개
냉동 레드 구아바 반 개
냉동 크랜베리 크게 한 줌
무가당 요거트 3T

토핑
레드 구아바(편으로 썰어서)
코코넛 채
만수국 잎(다른 녹색 잎으로 대체하거나 생략 가능)

만드는 법
1. 베이스 재료를 믹서에 넣고 부드럽게 갈아 볼에 평평하게 담는다.
2. 구아바 편을 볼의 가장자리에서부터 중심 방향으로 층층이 배열하여
   전체적으로 한 송이의 꽃 모양이 되게 한다.
3. 그 위에 코코넛 채를 뿌리고, 만수국 잎으로 장식하면 완성.

Tips
• 과일은 냉동시키기 전에 깨끗이 씻어 껍질을 벗긴 뒤 믹서에 갈릴 만한
  크기로 적당히 자르고, 한 번 쓸 양만큼 소분해서 냉동시키는 것이 좋다.
  얼린 다음에 사용하려면 껍질을 벗기기가 어렵다.
• 냉동 과일이 믹서 안에서 서로 붙어 잘 갈리지 않는다면,
  약간의 액체류를 넣고 다시 갈면 된다.

베리류의 신비로운 자색 파워

블루베리 · 왕꿀대추* · 바나나

자색에는 어딘가 모르게 신비로운 기운이 있다. 자색 채소와 과일에는 활성산소를 없애주는 항산화 성분이 풍부해서 피로 회복에 효과가 있고, 항노화 성분도 있다고 알려져 있다. 서왕모(西王母, 곤륜산(崑崙山) 꼭대기의 궁전에 산다고 전해지는 선계의 성스러운 어머니)의 천도복숭아 못지않은 신비로운 효능이 아닐 수 없다. 자색 과일 중 하나인 아사이 베리에는 전설 같은 이야기도 전해 내려온다. 브라질의 아마존 강 유역에서 살아가는 원주민 전사들은 전투 중 체력이 떨어지지 않게 하기 위해 출전을 앞두고 아시아 베리 같은 신비의 자색 과일을 휴대하고 다니면서 복용한다는 것이다. 이 정도면 뽀빠이의 시금치 통조림이 부럽지 않은 과일이다!

그러나 베리류처럼 생긴 아사이 베리는 사실 '베리류' 과일이 아니다. 아사이 베리는 원래 아사이 야자나무의 열매로, 베리류만큼이나 항산화 성분이 풍부한 슈퍼 푸드다. 보통은 가루로 만들거나 즙을 낸 뒤 음식에 섞어 먹거나 화장품 제조에 쓰인다.

여름이 거의 끝나갈 무렵, 하와이에 놀러갔다가 구릿빛 피부가 되어 돌아온 친구가 매일 즐겨먹는 게 있다며 나에게 뭔가를 내밀었다. 아사이 볼(Acai bowl)이었다.

"매일 먹으면 지겹지 않아?"

내가 묻자, 그녀는 이렇게 대답했다.

"아니, 전혀! 매일 맛이 조금씩 다르거든. 그때그때 다른 과일이랑 조합해서 먹다 보면 그냥 재미있는 놀이 같아. 냄비도 주걱도 필요 없고, 그냥 적당히 썰어서 믹서에 넣고 갈면 돼. 이것저것 다 합쳐도 만드는 데 채 10분도 걸리지 않아. 게다가 이렇게 먹고 있기만 해도 왠지 근사해 보이지 않아?"

그렇게 큰 대접을 양손으로 붙잡고 먹고 있으면서, 근사하긴 무슨!

그녀는 하와이에서 서핑을 즐기던 멋진 훈남들이 전부 카페나 스낵바에서 이걸 먹고 있었다면서, 아사이 볼에 담긴 어떤 신비의 기운이 그 남자들을 더욱 섹시하게 보이게 만드는 것 같다고 했다.

---

* 왕꿀대추-캘리포니아 모하비 사막에서 재배한 대추를 건조한 기후에서 자연 건조시킨 식품-역주

"바다처럼 푸른 눈에 멋진 금발을 가진 어떤 남자가 눈썹을 부드럽게 들썩이면서 이걸 먹고 있는데, 코코넛 볼(coconut bowl)을 잡고 있던 손조차 어쩌나 길고 아름답던지! 그 남자가 들고 있던 볼이 딱 내 머리만 한 사이즈였는데…."

결국 그녀가 즐겨 먹었던 것은 잊을 수 없는 달콤한 환상, 백일몽 같은 사랑의 낭만이었던 것이다. 하긴, 현실의 연애 풍경에서도 빠질 수 없는 것이 커피와 차, 과일주스, 친밀감을 상징하는 소소한 먹을거리 혹은 고상해 보이는 식사 아니던가. 그러므로 특정 음식이 유독 연애의 추억과 환상을 불러일으키는 것도 이상한 일은 아니다.

이 친구의 바다 건너 러브스토리에 후속편이 없다는 사실이 안타깝기 그지없지만, 친구가 열심히 먹어온 '아사이 볼'은 세계적으로 대유행이 되었다. 할리우드 스타와 패션모델은 물론 멋진 몸매나 건강을 바라는 일반인까지 앞 다투어 즐겨 먹는 음식이 된 것이다. 세계인의 SNS 인스타그램을 보라, 아사이 볼의 자색 물결이 거대하게 넘실거리고 있다.

아사이 볼은 단순하면서도 특별한 음식이다. 결국에는 다 먹고 없어질 음식에 불과하지만, 토핑의 조합에 따라 화려한 보석함처럼 반짝이기도 한다. 대개는 가볍게 즐기는 스낵에 가깝지만, 이것 하나로 충분히 주식이 될 때도 있다. 아사이 볼의 이런 다양한 신분은 마치 패션계에 혜성처럼 등장한 혼혈계 슈퍼 모델 같다.

나는 음식을 맛으로도 먹지만 색으로도 먹는다. 나 역시 이 '초특급 혼혈 왕자' 때문에 스무디 볼에 무한한 관심을 갖게 되었고, 스무디 볼의 변화무쌍한 색의 매력과 다양한 맛의 조합에 빠져들었다는 사실을 부정할 수가 없다.

올해에는 대만에 좀처럼 가을이 오지 않고 있다. 벌써 10월도 중순이 다 되어 가는데 바깥 기온은 여전히 섭씨 35도다. 우리집은 주방의 창이 남쪽으로 나 있다 보니, 남쪽을 관통하면서 지나가는 태양이 하루 종일 주방을 달구다시피 한다. 그래도 마트에 가면 온대 지역에서 잘 자라다 온, 생기발랄 자색 파워를 내뿜는 블루베리를 만날 수 있다. 신선한 블루베리는 생으로 먹어도 청량하고, 얼린 뒤에 갈아서 스무디로 만들면 더더욱 상쾌한 시원함을 맛볼 수 있다.

가스레인지에 손도 대기 싫은 이런 날에는 시원한 스무디 볼을 만들어보자. 믹서에서 갈려 나온 블루베리에서는 관목 숲에서 자란 베리류 과일 특유의 시큼한 향이 난다. 여기에 약간의 차조기 꽃잎을 뿌리면, 한 줄기 바람에 실려 날아오는 은은한 꽃향기도 느낄 수 있다.

베리류의 신비로운 자색 파워

블루베리 · 왕꿀대추 · 바나나

1인분 레시피

베이스
냉동 바나나 반 개
냉동 블루베리 한 줌
씨를 제거한 왕꿀대추 2알(왕꿀대추 대신 건대추로 대체 가능)
무가당 요거트 3T

토핑
블루베리
블랙베리
코코넛 칩
치아씨드
차조기 꽃(다른 자색 꽃잎으로 대체하거나 생략 가능)

만드는 법
1. 베이스 재료를 믹서에 넣고 부드럽게 갈아 볼에 평평하게 담는다.
2. 볼 전면에 치아씨드를 얇게 뿌린 뒤 볼의 한쪽 가장자리에서 중심을 향해,
   본인이 원하는 방식으로 블루베리와 블랙베리를 배열한다.
3. 마지막으로 코코넛 칩을 뿌리고, 곳곳에 차조기 꽃잎을 얹으면 완성.

Tips
• 신선한 블루베리에는 건강한 영양성분이 풍부하다.
  그러나 슈퍼 푸드의 영양도 보충하고 싶다면,
  베이스 재료에 아사이 베리 파우더를 첨가하면 된다.
• 과일은 냉동시키기 전에 깨끗이 씻어 껍질을 벗긴 뒤 믹서에 갈릴 만한
  크기로 적당히 자르고, 한 번 쓸 양만큼 소분해서 냉동시키는 것이 좋다.
  얼린 다음에 사용하려면 껍질을 벗기기가 어렵다.
• 냉동 과일이 믹서 안에서 서로 붙어 잘 갈리지 않는다면,
  약간의 액체류를 넣고 다시 갈면 된다.

지중해 블루

스피루리나 분말 · 사과 · 더우장 · 바나나

슈퍼푸드로 알려진 스피루리나는 시각적으로도 상당한 충격을 주는 해조류다. 스피루리나는 건강한 영양 성분이 농축되어 있어 세계보건기구(WHO)에 의해 21세기 최고의 건강식품으로 선정된 바 있다. 그 영향일까, 지금 우리는 그 어느 때보다도 다양한 '블루 푸드'로 넘실거리는 세상에 살고 있다.

이런 조류의 선두에 선 미국에서는 '유니콘 프라푸치노(unicorn frappucino, 2017년에 미국 스타벅스에 등장한 5일간 한정메뉴로, 망고 크림 프라푸치노에 파란 드리즐과 핑크 파우더, 바닐라 휘핑이 들어간 음료. 처음에는 보라색이었다가 마시면서 저으면 분홍색으로 변하는 특징이 화제가 되었다-역주)'가 등장했고, 호주가 그 뒤를 이었다. 일본에서는 기상천외하게도 '파랑 라면'이 등장했다. 그 틈 사이로 태국의 새파란 '접두화 밥'이 고개를 내밀자, 곧이어 대만에서도 접두화 만두, 접두화 케이크 등이 모습을 드러내기 시작했다.

그러나 파란색 음식은 흔히 '식욕을 감소시킨다'고 알려져 있다. 오행 사상의 전통이 있는 동양에서는 녹 · 황 · 홍 · 백 · 흑의 오색 음식에는 각각 다른 효능이 있으며, 오행의 음식을 조화롭게 배합해서 먹으면 기력이 증진된다고 여겨왔다. 그런데 여기에도 청색, 즉 파랑은 포함되어 있지 않다. 파랑은 자연의 식품계에서 흔히 보기 어려운 색이기 때문이다. 옛날 사람들도 파란색 음식에는 구미가 당기지 않았나 보다. 그러나 이런 것도 다 옛날이야기일 뿐이다. 지금은 스피루리나와 접두화가 마트를 정복하고, 세상을 휩쓸고 있지 않은가. 지금 사람들은 파란색 음식에도 기꺼이 입맛을 다신다. 나 역시 파란색 음식을 보면 신기해서라도 더더욱 흥미와 호기심이 인다.

청색, 그중에서도 가장 매력적인 청색을 꼽으라면 단연 지중해의 바다가 떠오른다. 내 기억에 매력적인 청색은 뤽 베송(Luc Besson) 감독이 그리스의 에게 해 부근 아모르고스(Amorgos) 섬에서 촬영한 영화 〈그랑블루 (The Big Blue, 1988년 프랑스)〉에 나왔던 바다의 색이다. 영화 속의 바다는 깊고 신비로우면서도, 표면은 태양빛이 반사되어 눈부시게 반짝인다.

'그리스 블루(Greek blue)'라고도 불리는 이 지역 바다의 밝고 투명한 청색에서는 명랑한 미소의 기운마저 느껴진다. 태양의 밝은 빛과 바다의 깨끗함, 지중해의 고요함이 어우러진 이런 색이야말로 행복에 가장 가까운 색이 아닐까. 보면 볼수록 이런 바다에서는 침대식 의자에 누워 느긋하게 햇빛을 쬐고 싶어진다.

그러나 이렇게 밝고 산뜻한 청색을 얻으려면 스피루리나 하나로는 부족하다. 좀 더 특별한 처방이 동원되어야 한다.

요리의 미감에 대한 애착은 때로 삶에 소소한 낙이 되기도 한다. 나는 '지중해 블루'를 구현하기 위해 요리 실험을 거듭하는 과정에서, 뜻밖에도 어두운 자줏색과 짙은 청색, 어두운 남색 등을 얻기도 했다. 성패를 굳이 따진다면야 실패에 가깝지만, 나에게는 재미있는 놀이이기도 했다. 내가 의도했던 딱 그대로의 결과는 아니었지만, 먹으면 배부르고 위장에서 남김없이 소화되는 건 어차피 마찬가지니까.

'블루'가 붙는 과일이라고 해서 모두가 청명한 파란색을 내는 것은 아니다. '블루베리'만 하더라도 믹서에 갈면 짙고 어두운 자줏빛이 도는 것을 볼 수 있다. 단백질과 미네랄 등 각종 영양성분이 풍부하다고 알려진 스피루리나 역시 그 분말을 우유나 더운장에 섞으면, 밝은 파랑은 위로 뜨고 짙은 녹색은 아래에 가라앉는 것을 볼 수 있다. 그러나 이런 것도 다 광선이 만들어낸 계략일 뿐이다. 밝은 청색의 액체를 스무디에 넣으면 짙은 암청색이 되기 때문이다. 이런 짙은 암청색의 스무디는 해가 진 뒤의 고요한 지중해 표면, 혹은 젊은 시절 거침없이 세상을 누비다가 중년이 되어 비로소 성숙과 안정을 찾은 사람의 내면을 닮았다.

볼 중앙에 코코넛 채를 한 줌 뿌리고, 볼 가장자리를 따라 흑진주 목걸이를 걸 듯 블루베리를 두 줄로 늘어놓는다. 민트 잎을 몇 개 따서 볼 한쪽에 얹고 용과의 과육을 작은 스쿱으로 떠서 민트 잎 한가운데 올리면, 꼭 관목 숲에 열린 베리 열매처럼 보인다. 자, 차분하고 우아한 청회색의 스무디 볼이 완성되었다.

지중해 블루

스피루리나 분말 · 사과 · 더우장 · 바나나

1인분 레시피

베이스
냉동 바나나 반 개
사과 1/4개
무가당 요거트 3T
더우장 1T
스피루리나 분말 약간

토핑
적육종 용과(작은 스쿱으로 떠서)
알이 작은 블루베리
치아씨드
코코넛 파우더
코코넛 채
코코넛 칩
민트 잎(다른 녹색 잎으로 대체하거나 생략 가능)

만드는 법
1. 베이스 재료를 믹서에 넣고 부드럽게 갈아 볼에 평평하게 담는다.
2. 볼의 한쪽 면에 넓게 치아씨드와 민트 잎을 뿌리고, 그 위에 코코아 파우더를 뿌린다.
3. 볼의 가장자리를 따라 블루베리를 두 줄로 배열한다.
4. 볼의 가장자리와 중앙에 각각 용과볼을 얹고, 코코넛 채를 뿌린다. 코코넛 채 위에
   코코넛 칩을 적당량 뿌리고 민트 잎으로 장식하면 완성.

Tips
• 스피루리나 분말은 우유나 더우장에 넣고 하룻밤 그대로 두면,
  다음 날 밝은 청색을 얻을 수 있다.
• 과일은 냉동시키기 전에 깨끗이 씻어 껍질을 벗긴 뒤 믹서에 갈릴 만한
  크기로 적당히 자르고, 한 번 쓸 양만큼 소분해서 냉동시키는 것이 좋다.
  얼린 다음에 사용하려면 껍질을 벗기기가 어렵다.
• 냉동 과일이 믹서 안에서 서로 붙어 잘 갈리지 않는다면,
  약간의 액체류를 넣고 다시 갈면 된다.

냉담풍 미니멀리즘

스피루리나 분말 · 용과 · 블루베리 · 바나나 · 더우장

검은 자기 그릇을 꺼내 샐러드를 담고, 나무 도마에 올려놓은 바게트는 적당한 크기로 자르고, 하얀 볼에는 자홍색 스무디를 담았다. 이날의 우리집 아침상 사진을 본 친구는 "너 요즘 '놈코어(Normcore, '노멀(normal)'과 '하드코어(hardcore)'의 합성어로 평범함을 추구하는 패션 트렌드이자 미니멀리즘의 일종-역주) 하는구나!"라고 말했다. 놈… 뭐라고? 나로서는 처음 듣는 말이었다. 바쁜 와중에 틈틈이 검색을 해 보니 '단순, 절제, 화려하지 않은 색, 무욕의 정신을 반영한 라이프스타일'이라고 한다. 하긴, 음식의 양과 색, 그릇 선택에 있어서 얼마간 '빈 공간'만 남겨 두어도 중국 선종의 산수화풍이 연상될 듯하다.

그런데 음식에서의 '무욕'은 식욕을 감소시키는 게 목적일까, 증진시키는 게 목적일까?

어떤 미니멀리즘 식당에서는 붉은 마파두부를 얼음장 같이 넓고 하얀 접시의 중앙에 담고, 길게 썬 대파를 마치 대나무 잎인 양 접시 가장 자리에 길게 늘어놓은 형태로 내놓았다고 한다. 보기만 해도 차분해지는 정물화 같은 플레이팅이다.

좀 더 차분하고 평범해지기 위한 추구라…. 이런 모순적인 표현이 나에게는 일종의 농담처럼 들린다. 그런데… 사실이 그렇다. 어지러운 마음을 정리하고 집중하기 위해서는 먼저 버려야 한다. 그러면 마지막에 남는 것들에 대해 저절로 소중한 마음이 들기 마련이다. 일면 소박하고 겸손해 보이는 이런 자세에 감추어져 있는 것은, 그러나 역설적으로 고도로 값어치 있는 것에 대한 강한 애착과 욕망이다. 양을 줄임으로써 값어치를 높이는 것. 무엇이 됐든 양이 줄어들기만 해도 그것의 가치가 높아진 것처럼 느끼는 게 사람의 심리다. 그러므로 일단 풍성하게 담아내려고 하면 안 되는 것이다. 뭔가를 많이 접하는 것 자체가 감각을 어지럽히니까. 그 무슨 일상에 대한 '츤데레'냐고 할 사람도 있겠다. 그렇다, '츤데레'가 목적이다.

욕심으로 이것저것 잔뜩 늘어놓으면 풍성해진다기보다 무질서해진다. 그러나 어떤 풍경 앞에서는 단순히 창을 여는 것만으로도 당신이 그 풍경을 엄선한 것이 되고, 그 풍경을 보여주고 싶은 누군가에게 전하는 선물이 된다…. 아니, 이 모든 것도 다 사후 해석일 뿐이다.

츤데레는 그냥 다가가기 어려운 냉담함, 무심함일 뿐이다. 그러고 보니, '놈코어'의 중국어 번역어인 '성랭담풍(性冷淡風)'도 어딘가 일침을 가하는 데가 있는 재미있는 표현이란 생각이 든다.

사실 나는 내가 만드는 스무디가 '차가운' 음식에 속한다고 생각해본 적이 없다. 색도 무지 다양하고 화려하다. 어딜 봐서 '냉담풍'인가?

오늘의 식탁만 봐도 그렇다.

나무무늬 탁자에 검은 자기 그릇, 칼집 흔적이 가득한 나무도마, 심플한 형태의 하얀 볼, 표면이 거칠거칠한 바게트 빵, 선홍색 요거트 스무디, 공 들여 썬 과일들, 보기 좋으라고 신경도 쓴 플레이팅…. 식탁 가장자리를 차지하고 있는 자기 그릇에는 건과일도 한 줌이나 담겨 있다.

이 모든 건 그냥 내가 좋아하는, 간단하고 편리한 조합일 뿐이다. 이 이상으로 복잡한 식기와 도구는 필요하지 않다. 그릇도 의식하지는 않았지만 나름 가장 예쁜 것으로 고른 것이다. 누군가에게는 스타일리시한 일상 풍경으로도 보일지 모르나, 스타일이란 본래 추구하기 시작하면 한도 끝도 없어지는 법이다. 이것저것 좋아 보이는 것들로 하나씩 주방을 하나씩 채워나가다 보면, 미니멀리즘 같은 건 애당초 꿈도 꿀 수 없게 된다.

냉담풍 미니멀리즘

스피루리나 분말·용과·블루베리·바나나·더우장

1인분 레시피

베이스
냉동 바나나 반 개
적육종 용과 두 토막
블루베리 10알
무가당 요거트 3T
더우장 1T
스피루리나 분말 적당량

토핑
적육종 용과(큰 스쿱으로 떠서)
붉은 서양배(편으로 썰어서)
믹스 씨앗과 압맥
블루베리, 치아씨드
코코넛 칩, 코코넛 채, 코코넛 파우더
민트 잎(다른 녹색 잎으로 대체하거나 생략 가능)

만드는 법
1. 베이스 재료를 믹서에 넣고 부드럽게 갈아 볼에 평평하게 담는다.
2. 볼 중앙에 길게 치아씨드를 뿌리고, 그 위로 코코넛 파우더를 뿌린다.
3. 치아씨드 옆으로 블루베리를 직선으로 길게 늘어놓는다.
　 블루베리 옆으로 편 썬 붉은 서양배, 용과볼, 믹스 씨앗과 압맥을 얹는다.
4. 압맥 위로 코코넛 채와 코코넛 칩을 뿌린 뒤 민트 잎으로 장식하면 완성.

Tips
- 용과에는 수분이 많아 믹서에 갈면 기포가 많이 생길 수 있다.
  스무디 특유의 '낭만 기포'라고 해두자.
- 과일은 냉동시키기 전에 깨끗이 씻어 껍질을 벗긴 뒤 믹서에 갈릴 만한
  크기로 적당히 자르고, 한 번 쓸 양만큼 소분해서 냉동시키는 것이 좋다.
  얼린 다음에 사용하려면 껍질을 벗기기가 어렵다.
- 냉동 과일이 믹서 안에서 서로 붙어 잘 갈리지 않는다면,
  약간의 액체류를 넣고 다시 갈면 된다.

쓴맛이 좋아

깻잎 · 바나나

'시고 달고 쓰고 매운 맛', '짜고 떫고 비리고 아린 맛'. 중국에서 분류하고 있는 음식의 맛이다. '달고 짜고 쓰고 시고 감칠맛' 혹은 '시고 달고 쓰고 맵고 짠 맛', 이렇게 다섯 가지로 나열하기도 한다. 후자가 좀 더 현대적이며 과학적인 분류법 같다.

어떻게 분류하건 간에 '쓴 맛'은 언제나 기본적이며 필수적인 맛으로 여겨진다. 그러나 쓴 맛은 사람들과의 인연이 그리 좋은 편이 아니다. "저는 쓴 맛이 가장 좋아요"라고 하는 아이를 나는 한번도 본 적이 없다. 나 역시 아니다. 나의 가족, 친구를 통틀어 보아도 그들 대부분이 중년이 되도록 쓴 맛만은 별로 좋아하지 않았다.

지금의 나도 마찬가지. 상추, 피망, 여주, 귤 과육의 하얀 피막, 유자, 떫은 맛이 나는 풋대추 따위에는 눈길도 가지 않는다. 내 손으로 집어 먹어 본 적도 거의 없다. 그런데 이것은 미각이 예민해서일까, 둔감해서일까?

내 생각에는 '마음의 상태'와 더 관련이 있는 것 같다. 비유하면, 사랑에 빠진 줄 모르고 있다가 어떤 순간을 떠올리며 미소가 지어지거나 가슴 찢어질 때 비로소 사랑에 빠졌음을 깨닫게 되는 것과 비슷하달까….

깻잎의 매력에 처음 빠졌던 순간이 떠오른다. 깻잎이 올라간 연어 피자를 먹을 때였다. 식사를 마치고 커피와 디저트를 기다리고 있는데, 혀 밑에 남아 있던 달큰 쑵쓸한 여운이 꽤 오랫동안 묘한 풍미를 되새기게 했다.

깻잎의 쓴 맛은 참 독특하다. 입 안에 넣으면 신선한 깻잎향이 먼저 풍기고 나중에야 쓴 맛이 퍼진다. 약간은 아린 맛도 있다. 다 먹은 뒤에 오래도록 감도는 여운은 심리적인 만족감마저 준다. 그래서 깻잎은 기름진 음식과 정말 잘 어울린다. 기름진 음식의 느끼함을 싹 거두어가서 뒷맛을 깔끔하게 만들어주기 때문이다. 햄과나 기름, 치즈, 소갈비, 삼겹살, 요거트와 함께 깻잎을 먹으면 깻잎의 쓴 맛은 있는 듯 없는 듯 희미해지고 깻잎 특유의 신선한 풍미는 더욱 강렬해진다.

이렇듯 맛이 풍부해진다는 것은 단 맛, 쓴 맛, 떫은 맛 등이 단일한 맛으로 머물지 않고 다른 차원으로 전환될 때를 가리킨다. 그것은 단순히 맛의 전환일 뿐 아니라 인생에서의 성장 체험이라고도 할 수 있다.

깻잎은 내가 미처 깨닫지 못하고 있던 미각의 영역을 일깨워주는 연인과도 같다. 늘 내 앞에서 수줍어하기만 하던 그(녀)가 어느 순간 내가 돌아보았을 때 그 전까지 한번도 본 적 없는 환한 미소를 지어주는 것 같은…. 인생에서라면 불운인 줄만 알았던 좌절이 새로운 방향전환으로 이어질 때의 깨달음과 비슷하다고도 할 수 있을 것이다.

나는 이제껏 깻잎이 서양 허브인 줄로만 알고 있었다. 그러다 최근에야 중국의 동북에서 남부로 이어지는 지역의 도랑이나 산기슭, 묵히고 있는 경작지에 널리 분포하는 식물이었다는 걸 알게 되었다. 그런데 이 깻잎은 농민들 눈에도 그다지 맛있어 보이는 풀은 아니었던 모양이다. 중국 동북지역에서는 깻잎을 '취채(臭菜)', 즉 '냄새 나는 풀'이라고 부른다. 이 지역에서는 깻잎을 따다 끓는 물에 데치거나 기름에 볶아 먹는다. 그런데 가열할수록 써지는 것이 깻잎의 특성이다 보니, 농민들도 깻잎을 썩 즐겨 먹지는 않았다. 그래서 '취채'라고도 불러왔나 보다.

사실 깻잎에는 좀 더 우아하고 고전적인, '운개(芸芥)'라는 이름이 따로 있다. 모든 식재료에는 그것만의 고유한 특성이 있다. 그 특성에 맞는 최적의 방법으로 요리하기만 하면, 그 재료는 최상의 맛으로 보답해온다. 깻잎도 마찬가지다. 다만 중국 농가에서는 쓴 풀을 생으로 먹는 데 익숙지 않았고, 그 결과 깻잎의 참 맛을 알 기회도 놓치고 만 것이다.

지난 수백 년간 깻잎은 중국의 여러 농촌 지역과 인적 드문 산야에서 자라는 야생초에 지나지 않았다. 그러나 최근 몇 년 사이에는 깻잎의 항암 효과와 천식 진정 효과, 각종 영양성분들이 알려지면서 몸값이 크게 올라갔다. 한 마디로, 당당하고 품위 있는, 고급스러운 식재료가 된 것이다. 그러므로 아직 '때'를 만나지 못한 불운한 채소일지라도 기회가 오기까지 묵묵히 기다리고 볼 일이다. 혹시 아는가, 깻잎처럼 눈부신 신분상승을 하게 될 날이 올지!

쓴 맛이 좋아

깻잎 · 바나나

1인분 레시피

베이스
냉동 바나나 반 개
깻잎 적당량
무가당 요거트 3T

토핑
키위(껍질을 벗기고, 가로로 편 썰어서)
복분자
블루베리
코코넛 칩
코코넛 채
코코넛 파우더
치아씨드
곡물 시리얼 그래놀라

만드는 법
1. 베이스 재료를 믹서에 넣고 부드럽게 갈아 볼에 평평하게 담는다.
2. 볼 중앙에 길게 코코넛 파우더를 뿌린 뒤 그 위에 곡물 시리얼 그래놀라, 코코넛 채,
   코코넛 칩을 뿌린다.
3. 코코넛 파우더 안쪽으로 볼 중앙에 가볍게 키위 편을 얹고, 그 옆으로 치아씨드를 뿌린다.
   치아씨드 위쪽으로 블루베리를 길게 얹는다.
4. 마지막으로 복분자로 장식하면 완성.

Tips
• 깻잎에는 쓴 맛이 있으므로 각자의 기호에 따라 양의 증감을 결정한다.
• 과일은 냉동시키기 전에 깨끗이 씻어 껍질을 벗긴 뒤 믹서에 갈릴 만한
  크기로 적당히 자르고, 한 번 쓸 양만큼 소분해서 냉동시키는 것이 좋다.
  얼린 다음에 사용하려면 껍질을 벗기기가 어렵다.
• 냉동 과일이 믹서 안에서 서로 붙어 잘 갈리지 않는다면,
  약간의 액체류를 넣고 다시 갈면 된다.

호박등

호박 · 당근

대만 거리에 하나 둘 할로윈 호박등이 등장하기 시작하면 언제나 '너무 이르다'는 생각부터
든다. 체감 기온이 여태 30도를 오르내리는데 할로윈이라니! 마치 춘절(음력 설) 끝나자마자
원소절(음력 정월대보름)등이 여기저기 내걸린 상점을 보는 느낌이다.

귀신 얼굴을 새긴 할로윈 호박등이 등장하면, 나로서는 그냥 호박이 먹고 싶어질 뿐이다. 할
로윈 호박등은 나에게 특정 시점이 되면 식욕을 돋우는 계절 특산품에 가깝다. 마침 그 즈음
이 되면 시장에 나와 있는 호박은 가격도 낮고, 밤호박, 땅콩호박, 쥬키니는 물론 내 손바닥보
다 작은 호박부터 엄청 큰 호박까지 종류도 다양하다. 자신이 좋아하는 품종의 호박을 골라
전날 밤 먹기 좋게 썰어서 쪄두고 다음 날 요거트를 넣어 믹서에 갈면, 호박 스무디 완성이
다. 이른 아침부터 호박맛이 나는 스무디를 만들고 있자니 더더욱 할로윈 느낌이 난다!

호박 스무디는 상당한 포만감을 준다. 요거트가 들어가 걸쭉해진 식감이 마치 진하게 끓인
호박 수프 같다. 호박 특유의 단 맛도 강하지만, 전반적으로 신선하고 깔끔해서 크림 같은
중량감은 없다. 청신한 이른 아침에 잘 어울리는 맛이다. 나는 따뜻한 오렌지색을 볼 때면
가을의 수확감이 느껴지는데, 호박의 오렌지색에서도 가을이라는 계절이 주는 따뜻함이 느
껴진다.

호박 스무디 볼에는 견과류와 건베리, 씨앗, 코코넛 채가 특히 잘 어울린다. 건베리는 은은한
단 맛의 호박에 시큼함을 더해주고, 견과류와 씨앗류는 경쾌하게 씹는 식감을 준다. 파슬리
향이 싫지만 않다면, 파슬리도 호박 스무디를 좀 더 산뜻하게 만들어준다.

가족들과 호박 스무디를 먹으며 할로윈 이야기를 나누다 보니, 아이들은 때는 이때라는 듯
각종 요괴, 동물로 변신해서 길거리 돌아다닐 생각에 잔뜩 들떠 있다. 하긴, 합법적으로 장난
에 소란을 피울 수 있는 기회이니 어찌 설레지 않겠는가!

아이들이 하는 이야기를 듣고 있자니, 저렇게 실컷 장난치고 놀아도 되는 시절이 부럽기만
하다.

몇 년 전만 해도 할로윈이면 귀신 얼굴을 새긴 호박을 뒤집어쓴 아이, 촛불을 든 채 거리를 돌아다니는 아이들이 꽤 많았는데, 지금은 좀처럼 볼 수가 없다. 그러니 더더욱 그 귀신 얼굴을 새긴 호박등이 그리워진다. 채소로 만든 등이라니, 재미있지 않은가!

우리 세대는 어린 시절에 할로윈도 없어서 자의반 타의반 반듯하게 자라온 편이다. 아니, 실상은 타의가 압도적이었던 것 같지만. 이제는 시대가 달라졌다. 거리에서 귀신 얼굴의 호박을 쓰고 돌아다녀도 다들 그러려니 할 뿐이다.

어린 시절의 나는 이런저런 채소등 만드는 것을 좋아했다. 물론 귀신 얼굴을 새긴 호박등은 아니었다. 그냥 호박등과 재료가 같은 채소였을 뿐이다. 원소절에는 가족들과 다 같이 하얀 무로 '무등'을 만들었다. 한겨울의 잘 익은 무 가운데 심이 굵은 것을 골라 속을 파냈다. 그런 다음… 눈, 코, 입 모양을 새긴 건 아니고, 텅 빈 무 안에 초를 집어넣었다. 늦여름 중추절 밤에는 가족들과 함께 수박등과 유자피(유자껍질)등도 만들었다.

하나같이 어린 시절의 귀엽고 소박했던 놀이다. 어릴 땐 그런 게 참 재밌었는데, 다 자란 지금으로서는 그 시절의 단순하기만 한 채소등은 별 재미가 없다. 채소등, 하면 뭐니 뭐니 해도, 구체적인 감각기관에 표정까지 살아 있는 할로윈 호박등이 최고다.

호박등

호박 · 당근

1인분 레시피

베이스
호박(찐 것으로) 1그릇
당근(찐 것으로) 2조각
무가당 요거트 3T

토핑
믹스 견과
믹스 건과일
코코넛 채
파슬리(다른 녹색 잎으로 대체하거나 생략 가능)

만드는 법
1. 베이스 재료를 믹서에 넣고 부드럽게 갈아 볼에 평평하게 담는다.
2. 그 위에 믹스 건과일, 믹스 견과, 코코넛 채를 차례로 올린다.
3. 마지막에 파슬리 잎으로 장식하면 완성.

Tips
• 당근을 넣으면 단 맛이 더욱 강해진다.
  양은 각자의 입맛에 따라 증감하면 된다.

낯선 듯 익숙한

율무 · 용안

먼 곳에서 전해진 음식은 사람들에게 널리 받아들여진 뒤 대체로 '현지화'되는 과정을 거친다. 대표적으로 햄버거와 에그타르트, 초밥이 그렇고, 최근 런던에도 자리 잡은 대만의 만두전문점 '바오(BAO)'도 마찬가지다. '바오'에서 파는 바오(包)의 모양은 대만의 야시장에서 흔히 볼 수 있는 원래의 '바오'와 전혀 다르다. 만터우(饅頭, 소가 없는 찐빵)로 만든 햄버거 같달까.

세상은 이렇게나 넓은 것 같으면서도 좁다. 세계 각국의 택배 시스템, 세계 곳곳에 자리한 쇼핑몰, 사람들이 겨울이면 입는 다운재킷까지, 우리가 살아가는 모습은 이렇게나 서로 비슷하다. 온 세상 사람들의 생활을 급격히 통일시켜온 글로벌리즘의 위력이다. 지구 역사상 지금은 지역과 인종을 불문하고 사람들이 살아가는 모습이 가장 일치된 시대일 것이다.

"앞으로 몇 년만 더 지나면, 세상 어딜 가도 '낯선 음식' 같은 건 없어질지 몰라…"

평소 세계여행을 즐기던 친구가 최근 늘어놓은 푸념이다.

어떤 나라든 조금이라도 상업화된 도시를 돌아다니다 보면, 햄버거, 파스타, 샌드위치, 피자 전문점을 쉽게 찾아볼 수 있다. 남반구에서나 북반구에서나 크게 다르지 않은 초밥과 생선회를 맛볼 수 있다. 어떤 음식점에 들어가 메뉴판을 펼치더라도, 그 안에서 익숙한 음식명 하나쯤 찾아내는 건 그리 어려운 일이 아니다.

우리가 사는 세상은 이렇게 천리 밖으로 떨어져 있는 것 같아도 낯선 듯 익숙하게 서로 이어져 있다.

스무디 볼은 '내일의 식탁'에 어울릴 만한, 미래파에 속하는 음식이다. 아직은 낯설지만 조금은 익숙한, 또 지금은 '건강'을 키워드로 종횡무진 세를 넓히고 있는 요리이기도 하다. 스무디 볼은 요거트나 샐러드, 케이크와 비슷해 보이지만 엄연히 다른 음식이다. 가장 크게 다른 부분은 베이스 재료를 매번 바꿀 수 있고, 그 어떤 낯선 식재료라도 새로이 스무디 볼의 재료가 될 수 있다는 점이다. 그것이 '건강'한 재료이기만 하다면!

특히 스무디 베이스는 무한에 가까운 변화가 가능하다. 내가 가장 좋아하는 것은 요거트, 그 중에서도 양상추와 압맥을 섞은 요거트다. 여기에 생과일, 건과일을 얹으면 달콤한 디저트 혹은 샐러드처럼 즐길 수 있다. 일전에 우연히 두부로 만든 베이스를 맛볼 기회가 있었는데, 땅콩버터를 넣은 듯 고소한 맛이 났다.

햇빛이 따스하게 쏟아지던 어느 겨울 오후에는 문득 가슴까지 따뜻해지는, 부드러운 식감의 스무디 볼이 만들고 싶어졌다.

나는 고심 끝에 당침(糖浸) 대추와 물에 불린 율무, 용안(龍眼, 용안나무의 열매)을 준비했다. 그런데 본격적으로 재료를 다듬기도 전에 추억의 소용돌이가 거침없이 시간을 거슬러 올라가버렸다. 계절이 겨울로 접어들 무렵이면, 학교 앞 거리에 늘어선 비닐천막 노점들은 빙수 만들던 제빙기를 하나하나 정리하고, 화로를 꺼내 무쇠솥을 걸쳤다. 그러면 곧 노점 여기저기에서는 달콤한 연기가 하얗게 피어올랐다. 그렇게 겨울의 학교 앞 거리는 얼마 안 가 용안홍당(紅糖)대추탕 끓는 연기로 자욱해진다.

행인들은 그 앞을 지나는 것만으로도 가슴이 따뜻하게 녹아내린다.

용안홍당대추탕은 대만 사람들에게 추운 겨울을 따뜻하게 데우는, 가장 익숙한 향이다. 율무를 간 베이스에 당침 대추를 첨가한 이 스무디 볼은 마음까지 훈훈하게 데워주는 '한약풍'이다.

낮선 듯 익숙한

율무 · 용안

1인분 레시피

베이스
삶은 율무 4T
용안 과육 적당량

토핑
용안(껍질을 제거하고)
당침 대추
구기자
생강흑설탕

만드는 법
1. 베이스 재료를 믹서에 넣고 부드럽게 갈아 볼에 평평하게 담는다.
2. 볼 중앙에 용안을 얹고, 그 주위로 당침 대추를 얹은 뒤 구기자, 생강흑설탕을 뿌린다.

Tips
- 생강흑설탕이란 생강 맛이 나는 흑설탕을 가리킨다.
- 당침 대추를 만들기 번거롭다면,
  꼭 당침 대추를 쓰지 않아도 된다.
- 당침 대추 만드는 법:냄비에 쌀컵 1컵 분량의 물을 붓고,
  2~3T의 빙당(冰糖, 백색 혹은 반투명 색의 얼음 결정 모양의 설탕)을
  넣은 뒤 중약불에 끓이다가 쌀컵 1컵 분량의 건대추를 넣는다.
  물이 다시 끓어오르면 약불로 낮추고 15분간 더 끓인다.
  이어 브랜디 1~2T을 넣고, 중약불에서 10분 더 끓인 뒤 불을 끈다.
  하룻밤 그대로 둔 뒤 다음 날부터 사용할 수 있다.

건강한 상상

아보카도 · 스피루리나 분말 · 파인애플 · 귀리 우유

내 주위의 '건강족'들은 소식(素食)파에서 생식파, 더우장파, 단백질파, 무녹말파, 당질제한파, 단식파에 이르기까지 대략 7대 문파를 이루고 있다.

'어떻게 먹어야 건강한가'에 대해서는 워낙 상반된 주장이 많아 혼란스럽다. 나 역시 이것저 것 주워들은 게 많다 보니, 뭔가를 먹기 전에 '이건 어떻게 먹어야 건강한가, 이렇게 먹으면 영양소가 파괴되는 것 아닐까' 하는 생각이 들기도 한다.

아무리 건강에 관심이 많아도 그 많은 '건강 수칙'을 다 기억할 순 없다. 그래서 내가 여러 책 과 의사들의 견해를 종합한 끝에 찾아낸 비교적 현실적이며 균형적인 실천 방안은, 하루에 최대한 여러 가지 색깔의 채소를 먹자는 것이었다. 다양한 색깔의 채소와 곁들이기만 한다 면, 치킨이나 불고기도 먹어도 괜찮지 않을까 생각하면서.

건강 고수들이 유지하고 있다는 식단에 대해서도 다양하게 들어 보았지만, 나에게는 비현실 적이거나 극단적이라고 느껴지는 것들이 많았다. 물론 그들이 그런 식단을 끝까지 유지하고 있다는 점만은 대단히 존경스럽다. 내 주위에는 매일 아침 사과 1개와 달걀 8개를 먹는 친구 가 있다. 아침에는 과일 약간에 단백질이면 충분할 뿐 전분질은 필요하지 않다는 것이 그의 논리다. 그가 아침에 일어나면 가장 먼저 하는 일도 달걀 8개를 삶는 것이다. 달걀도 특별히 방목 양계장에서 생산한 것으로, 2주에 한 번씩 정기주문을 하고 있다. 그래서일까? 그는 몸 매도 탄탄하고 운동능력도 매우 뛰어난 편이다.

또 다른 친구는 건강과 몸매를 위해 유지하기 위해 매일 아침 잡곡과 생채소 샐러드, 베리류 과일, 물에 익힌 고기 100g을 먹는다. 그는 대뇌에 영양을 공급하는 것은 전분질에 함유된 포 도당뿐이라며, 아침부터 뇌를 쓰며 일해야 하는 사람이 전분 섭취를 하지 않는 건 바보 같은 짓이라고까지 말한다. 요가 실력도 수준급인 이 친구에게서는 가끔 도인의 풍모마저 느껴질 때가 있다.

'무엇이 건강한 섭생인가'에 대해 100사람에게 물으면 88가지쯤 각기 다른 대답이 돌아온다. 건강에 대한 답이 원래 그렇게 복잡한 것이었나? 답이라기보다는, 건강에 대한 저마다의 '상상'이라고 해야 하지 않을까. 무엇이 '건강'인가에 대한 초점도 사람마다 다르다. 장수를 하는 것, 체중을 날씬하게 유지하는 것, 에너지가 넘치는 것, 질병에 걸리지 않는 것, 신체 능력 향상, 탄탄한 근육이 있는 몸매…. 그중 멋진 몸매와 건강에 대한 열망은 나 역시 강하다. 실행에 적극적이지 않았을 뿐….

요즘은 스무디 볼도 건강식 가운데 하나로 여겨지고 있다. 나는 그저 만드는 게 재밌고 보기에도 좋아서 먹기 시작했는데, 졸지에 건강한 식단을 유지하는 부지런한 사람 취급이라도 받을 때면 어찌 해야 할지 모르겠다. "하하, 그냥 스무디 볼이 예뻐서 먹는 건데…."라고 속으로만 조용히 말할 뿐이다.

오늘의 스무디 볼에 들어가는 스피루리나 분말은 단독으로 먹으면 정말 맛이 없다. 향만 슬쩍 맡아봐도 해조류 특유의 비린내가 확 풍긴다. 내가 아는 한 친구는 씹을 필요 없이 삼키기만 하면 되는 환(丸)으로 스피루리나를 먹는데도 표정이 일그러진다. 하지만 스피루리나 분말이 만들어내는 색만은 굉장히 예쁘다. 나는 이런 스피루리나를 단독으로 먹지 않아서, 맛있게 먹을 수 있는 방법을 알고 있어서 정말 다행이다. '건강'이라는 이유로도 극복이 안 되는 음식은 종종 요리의 영감을 자극하는 훌륭한 수단이 된다. 싫지만 꼭 먹어야 하는 무언가가 있다면, 재료의 형태만 조금 바꾸어서 요거트나 아보카도 스무디에 넣어보자. 이렇게 '장식'하면 꽤 맛있어 보이기까지 한다. 근사한 외양에 홀려 한 모금 두 모금 음미하다 보면, 자신도 모르는 사이에 그릇이 텅 비어 있다.

사람만이 '옷이 날개'가 아니다. 음식도 마찬가지. 보기에 좋아야 부지런한 숟가락질을 부르는 법이다.

건강한 상상

아보카도·스피루리나 분말·파인애플·귀리 우유

1인분 레시피

베이스
아보카도 반 개
파인애플 약간
스피루리나 분말 약간
귀리 우유 2T

토핑
구기자
알이 작은 블루베리
적육종 용과(작은 스쿱으로 떠서)
건블루베리
코코넛 파우더
코코넛 채
치아씨드
민트 잎(다른 녹색 잎으로 대체하거나 생략 가능)

만드는 법
1. 베이스 재료를 믹서에 넣고 부드럽게 갈아 볼에 평평하게 담는다.
2. 볼 중앙에 치아씨드와 코코넛 파우더를 차례로 뿌린다.
3. 구기자를 두 줄로 늘어놓고, 줄 사이는 공백으로 남겨둔다. 줄 사이의 공백에 용과볼을
   원하는 만큼 얹은 다음, 생블루베리와 건블루베리를 적당량 얹는다.
4. 그 위에 코코넛 채를 뿌리고, 민트 잎으로 장식하면 완성.

Tips
- 냉동 과일이 믹서 안에서 서로 붙어 잘 갈리지 않는다면,
  약간의 액체류를 넣고 다시 갈면 된다.
- 만약 아보카도의 크기가 작다면 1개를 다 넣어도 된다.

나의 소녀시대

딸기 · 복분자 · 크랜베리 · 바나나

크랜베리 음료에는 나의 청춘 시절의 추억이 담겨 있다. 과일 음료에 대해서는 누구나 그런 추억 하나쯤 있지 않을까? 당시의 과일 음료는 캔 음료가 대부분이었고, 포장은 조잡함과 현란함 사이의 어딘가에 해당되었다. 그중 내가 가장 좋아했던 것은 조제분유와 탄산수가 들어간 오색 과일 음료였다. 그 안에는 인공 색소와 향료도 적지 않게 들어갔을 것이다. 마시면 조금 몽롱해지는 그 합성 음료와 함께 이따금 짜릿한 행복감을 맛보기도 하면서 나의 청춘 시절은 그렇게 흘러갔다.

방과 후 교문 앞에서는 다시 학원으로 향하는 아이들의 줄이 길게 이어졌다. 가방에는 시험지, 교복 주머니에는 영어 단어 카드 같은 것이 있었지만, 학교 공부만으로도 지쳐 있는 여고생의 머릿속에 그런 것들이 들어갈 공간이 남아 있을 리 없었다. 그런 상태로 다시 서너 시간을 더 학원에 앉아 있어야 했으니, 하루하루 얼마나 피곤했겠는가. 학원까지 걸어가는 그 10여 분이야말로 잠시 훔쳐와 누리는 휴식 같은 시간이었을 것이다. 일부러 답을 쓰지 않고 낭비해버리고 싶은, 텅 빈 답안지 같은 시간…

우리는 각자 좋아하는 캔 음료를 하나씩 입에 문 채 마시는 둥 마는 둥하면서 어제 본 드라마 이야기, 개봉을 앞두고 있는 영화 이야기, 친구가 좋아한다는 잘생긴 연예인 이야기를 하면서 학원까지 걸었다. 그 시절 내가 가장 즐겨 집어 들었던 것이 크랜베리 음료였다. 이유는 순전히 포장의 색깔이 마음에 들어서였다. 그런데 아무리 시간이 흘러도 음료는 계속 캔 안에서 찰랑거렸다. 다 마셔버리지 않고 입에 물고만 있었기 때문이다.

음료를 마시는 건 꼭 갈증을 해소하기 위해서만이 아니다. 그냥 입이 심심해서, 눈이 허전해서 뭔가를 마시고 싶어지는 때가 있다.

간혹 TV에도 그런 광고가 나오지 않는가. 순정만화 주인공 같은 얼굴의 남녀가 음료 하나를 들고 책상 앞에 앉아 있으면 창밖에서는 햇빛이 쏟아지고 나무 그림자가 흔들리는 가운데 잔잔한 음악이 흐르는… 한 폭의 그림 같은 풍경.

우리는 모두 그런 그림 같은 풍경을 살고 싶어 한다. 그래서 같은 음료라도 마시며 잠시나마 그 풍경 속의 주인공이 되고 싶은 것이다.

그 시절의 소녀가 자라 어른이 되어도, 그림 같은 풍경을 살고 싶은 소망은 사라지지 않는다. 그러나 조잡한 합성 음료로는 더 이상 그 열망을 채울 수 없다. 그래서 커피를 마시고 술을 마시기 시작한다….

꿈꾸는 삶이 달라지면서 먹기로 선택한 것도 달라지는 것이다. 이후로 나는 미각 체험의 영역을 넓혀가면서 삶의 좌표도 조금씩 확장해나갔다. 나의 시선이 이동하면서 나의 세계도 점차 넓어져가던 어느 날, 진짜 크랜베리 주스를 마셔볼 기회가 생겼다. 그런데 이럴 수가! 너무 시고 떫은 맛에 제대로 삼킬 수조차 없었다. 그래도 그 와중에 나의 소녀시대를 떠올리게 하는 한 줄기 익숙한 향만은 그 안에 감돌고 있었다.

이제 과일 캔 음료의 시대는 지나갔다. 지금의 소녀들이 마시는 음료는 그보다 훨씬 세련되고 낭만적이다. 카페에 가면 솜사탕 커피(커피 위에 구름처럼 솜사탕이 설치되어 있는 커피. 커피의 뜨거운 김에 녹은 솜사탕이 눈처럼 조금씩 커피 위로 떨어져내린다-역주)에 솜사탕 주스, 몽환적인 색을 자랑하는 유니콘 프라푸치노까지 마실 수 있다. 그런 것에 비하면, 나의 소싯적 크랜베리 음료는 촌스럽기 그지없었다.

사실 크랜베리는 그대로 먹으면 신 맛이 굉장히 강하다. 그러나 요거트에 넣으면, 요거트 전체가 부드러운 선홍색으로 바뀌는 동시에 맛도 향도 무척 부드러워진다. 그게 다가 아니다. 여기에는 그 어떤 인공 색소나 향료도 들어가 있지 않다.

누구나 어느 나이가 되더라도 '그림 같은 풍경'을 살고 싶은 마음은 그대로일 것이다. 오늘의 복분자 크랜베리 요거트 스무디는 그런 아름다운 풍경을 이루는 그림이 되어준다.

나의 소녀시대

딸기 · 복분자 · 크랜베리 · 바나나

1인분 레시피

베이스
냉동 바나나 반 개
냉동 딸기 4알
냉동 복분자 8알
크랜베리 크게 한 줌
무가당 요거트 3T

토핑
복분자
곡물 시리얼 그래놀라
믹스 견과(잘게 부숴서)
치아씨드
건블루베리
만수국 잎(다른 녹색 잎으로 대체하거나 생략 가능)

만드는 법
1. 베이스 재료를 믹서에 넣고 부드럽게 갈아 볼에 평평하게 담는다.
2. 볼의 가장자리를 따라 치아씨드와 그래놀라를 차례로 뿌린다.
3. 잘게 썬 복분자와 믹스 견과, 건블루베리를 자유롭게 얹는다.
4. 마지막으로 만수국 잎으로 장식하면 완성.

Tips

• 먹어보고 신 맛이 너무 강하다면, 바나나를 좀 더 추가하거나
  꿀을 첨가하면 된다.

• 과일은 냉동시키기 전에 깨끗이 씻어 껍질을 벗긴 뒤 믹서에 갈릴 만한
  크기로 적당히 자르고, 한 번 쓸 양만큼 소분해서 냉동시키는 것이 좋다.
  얼린 다음에 사용하려면 껍질을 벗기기가 어렵다.

• 냉동 과일이 믹서 안에서 서로 붙어 잘 갈리지 않는다면,
  약간의 액체류를 넣고 다시 갈면 된다.

모든 아침식사는
간신히 훔쳐온 시간 속에서 누리는,
비일상적 여유다.
때로는 눈물이 날 만큼
고마운 선물과도 같은.

더 건강한 한 끼

스무디볼